I0467961

Traitement de l'eau Solaire PV:

Comment Energize Système de Stérilisation de l'eau avec FV Solaire eau Potable In Situ

Christopher Kinkaid

par le Dr. Lisandro C. Vazquez Hernandez

Solardyne.com

Published by Solardyne, LLC
Portland, Oregon

ISBN-13: 978-1500538958
ISBN-10: 1500538957

Index

Préface

Stérilisation de l'eau est un travail difficile. Stérilisateurs d'eau alimentés électricité solaire photovoltaïque sont un moyen efficace pour stériliser l'eau de sources locales polutas même de l'eau saumâtre, les coûts sécuritaires, fiables et de carburant. L'eau dans la nature est pleine d'agents pathogènes qui peuvent causer des infections et des maladies. Ultraviolets stérilisateurs (UV) tuent 99,99% de tous les agents pathogènes nocifs et fournissent l'eau potable salubre. La nécessité d'un traitement de l'eau vient habituellement dans des sites distants dans une grille.

Ces sites et les régions éloignées, et que, parfois, des catastrophes naturelles ou d'origine humaine, ont souvent besoin d'un site de traitement de l'eau, mais ils n'ont pas le matériel et l'alimentation pour alimenter l'équipement de stérilisation de l'eau sur ces sites. Stérilisateurs d'eau alimentés par l'énergie solaire photovoltaïque offrent une solution complète pour le traitement et la stérilisation de l'eau dans des endroits éloignés.

Ce livre met l'accent sur le traitement de l'eau UV pour 4 gallons par minute (15,14 litres par minute) qui sont 43 000 gallons par jour (167,772.2 litres par jour) - tous avec l'énergie solaire. On y trouve des exemples spécifiques de alimentation solaire avec Liste des pièces à dynamiser les systèmes solaire traitement de l'eau de PV dans leurs sites distants non connectés à un réseau électrique.

Remarque: Les systèmes solaires ultraviolets énumérés sont pour puits peu profonds ou les sources et / ou poluta eau saumâtre. Pour les sources d'eau de sel, puis l'équipement de dessalement nécessaire avant le traitement de l'eau phase UV.

À Propos du Livre

Ce livre est écrit comment un guide étape par étape pour définir les "statistiques vitales" de votre traitement de l'eau solaire de projet, et de choisir le bon équipement qui peut faire un bon travail. Si vous avez un projet spécifique à l'esprit stérilisation solaire PV eau, puis visite de la liste d'exemples de PV solaires Power Systems dans le Guide rapide chapitre huit.

Remarque: UV Systèmes solaires photovoltaïques listes sont des puits ou des sources d'eau de surface sont saumâtres ou polutas. Pour Agua Salada, vous devez d'abord exécuter un processus de dessalement de l'équipement nécessaire, avant l'âge de traitement de l'eau UV.

Le **Guide rapide** contient des hyperliens qui vous amène à un système de stérilisation UV avec Total quotidien de production d'eau et la fourniture de l'énergie photovoltaïque solaire nécessaire pour le fonctionnement. Systèmes d'eau UV sont définis par la vitesse d'écoulement, et de gallons par jour (GPD) livrés. Des exemples de PV solaire alimentation sont définies par le GPD de l'eau fournie. Si vous dessinez l'eau d'une source d'Agua Salada, alors vous avez besoin de voir un système d'osmose inverse (SOI) avant stérilisateur UV, au chapitre 8 chapitres 4 -7 Traitement des sources d'eau "Fresh" comme les étangs, les ruisseaux, les lacs et les cours d'eau (soit saumâtres ou polutas), et le chapitre 8 met l'accent sur les sources d'eau Salada.

Les systèmes de traitement UV de l'eau citées dans les exemples sont basés sur des débits différents. Quatre systèmes sont UV stérilisation de l'eau, y compris les 4, 8, 12, et 30 gallons par minute. Chacun de ces systèmes de plusieurs systèmes d'alimentation de la toundra de puissance solaire définies par chaque système UV devront travailler 4, 8, 12, et 24 heures par jour, respectivement. Sélectionnez votre système de traitement UV alimenté par l'énergie solaire photovoltaïque en fonction de votre débit souhaité et la quantité de gallons par jour stériliser dont vous avez besoin pour mieux correspondre à ces deux éléments dans votre projet. Les exemples couvrent une plage de 240 GPD (908,5 LPM) à 43 200 gallons par jour (163,529.3 litres par jour) - le tout sans quimicales ou les coûts de carburant.

Dans l**e chapitre 2** décrit le processus étape par étape pour définir le système de traitement d'eau UV pour votre propre système, ou pour parler à un fournisseur extérieur. Utilisez cette procédure pour déterminer les «statistiques vitales» de votre système et le dimensionnement de votre système d'UV et de son système photovoltaïque solaire pour la fourniture d'énergie facile.

Le **chapitre 3** traite de la fourniture de l'énergie solaire, et la façon dont ils sont configurés les exemples cités dans ce livre.

Les **chapitres 4** - 7 décrivent les systèmes UV Traitement des Eaux et de l'alimentation de l'énergie solaire photovoltaïque correspondant à livrer une certaine quantité d'eau potable, la liste, et des panneaux solaires photovoltaïques et des composants électriques que vous devez utiliser pour faire fonctionner votre stérilisateur UV avec une productivité plus élevée.

Dans **le chapitre 8** systèmes UV pour les sources d'eau salée de traitement de l'eau d'approvisionnement en énergie solaire sont discutés. Les systèmes solaires photovoltaïques sont définis par la puissance et l'énergie totale peut fournir pour la recharge. Dans tous les cas, les panneaux solaires photovoltaïques seront charger une banque de batteries pour fournir la puissance et l'énergie de stérilisateurs UV à toute heure du jour ou de la nuit.

Cet Book "UV Traitement de l'eau l'énergie solaire" a été écrit pour être une ressource pour la planification et la mise en œuvre d'un système de stérilisation UV avec l'eau-Powered électricité solaire PV à fournir de l'eau salubre, propre et sécuritaire dans les régions éloignées. Idéal pour les cabines et les maisons isolées, et des installations de logement, résidentiel, commercial, non connecté à un réseau électrique et à l'appui en cas de catastrophe, ou dans un endroit où il n'y a pas ou peu d'électricité locale et la nécessité pour l'eau potable est aiguë. Les panneaux solaires sont un excellent choix de l'approvisionnement énergétique plus facile pour les systèmes de traitement de l'eau fonctionne où l'électricité conventionnelle n'est pas présent, ou de fournir un soutien quand une source d'énergie locale, car la poursuite de la catastrophe tombée.

À Propos de l'auteur

Christopher Kinkaid

Christopher (Toby) Kinkaid, originaire de Portland, Oregon, est le fondateur de **Solardyne.com**, **SolarQuote.com** , et **AlgaeToday.com** , et a travaillé dans les technologies d'énergie propre pendant plus de trois décennies. Kinkaid est l'inventeur de l'axe vertical générateur de vent "Helyx" module PV de concentrateur solaire "Papillon non-imagerie" (fonctionnement continu à Sandia National Laboratory depuis 1994), la lentille optique concentrateur solaire démultiplexeur (Dr. James / Sandia National Laboratory, 1991), et est l'inventeur d'un emballage d'origine de l'énergie solaire "Solar Power Pack" (la Terre Mère Nouvelles, "Littlest utilitaire" Juin / Juillet 2001).

Aussi, Kinkaid a été conférencier officiel et présentateur de technologies d'énergie propre dans les différents événements à travers le monde, y compris "APEC", Bangkok, Thaïlande, 2003, "World Energy Solutions", Tokyo, Japon, 2003, la Conférence internationale de la biomasse (IBC), 2010, Minneapolis, MN, et la Conférence sur les algues Organisation biomasse (ABO), 2010, Phoenix, AZ.

Christopher (Toby) Kinkaid est apparu dans les entretiens et interviews à la télévision Koin, KGW TV, et "Aujourd'hui durable" produit dans l'Oregon, et a siégé au conseil d'administration de l'Association nationale des Etats-Unis, Washington DC hydrogène, 1993 Société japonaise de communication par satellite (JCNET), Fukuoka, au Japon, de 1994 à 1995, et Algaedyne Corporation, Preston, MN, 2010-2013.

Kinkaid, est actuellement chef de la direction de Solardyne, LLC à Portland, Oregon, où il continue son travail en tant que spécialiste dans le développement d'applications et la recherche de l'énergie solaire, éolienne et la biomasse.

Introduction

Le besoin d'eau propre est essentielle à la vie. Pas d'eau potable, pas de civilisation. La lumière naturelle contient des rayons ultraviolets (UV) qui sont capables de détruire les agents pathogènes présents dans l'eau, par rupture de l'ADN de leurs cellules. Aujourd'hui, la technologie moderne prend un morceau de nature uy utilisé ampoules YV haute efficacité rayonner de l'eau poluta tuer 99,99% de tous les agents pathogènes présents dans l'eau.

Rayonnant son eau avec de fortes niveaux de rayons UV détruire ces agents pathogènes, ce qui permet leur approvisionnement en eau de puits ou de sources de surface, comme les ruisseaux, les étangs, les rivières, et Corrientes comment une source d'eau potable.

Aujourd'hui, les panneaux d'électricité solaire (PV) peuvent dynamiser les stérilisateurs UV, la production de la disponibilité de l'énergie propre dans des endroits éloignés, sont faciles à installer, rentables, et offrent des performances et une fiabilité exceptionnelles où ça compte le fonctionnement quotidien. Les panneaux solaires photovoltaïques sont solides, pas de pièces mobiles, sont évaluées pour des conditions extrêmes et souvent avec une garantie de 25 ans, ce qui en fait une alimentation électrique fiable.

Avec une bonne conception et une bonne sélection de l'équipement (du point de vue de ce livre), les systèmes de traitement d'eau UV en utilisant l'énergie solaire sont étonnamment productive elles purifient l'eau pour 4 gallons par minute (15,12 litres par minute) à des dizaines de milliers de gallons par jour (des centaines de milliers de litres par jour).

Systèmes d'énergie solaire FV banque commerciale charger une batterie pour alimenter le stérilisateur UV de l'eau contre la demande 24/7 (24 heures par jour, 7 jours par semaine)

Ce livre contient des exemples de la puissance PV solaire offre en fonction de la quantité d'eau nécessaire à la stérilisation. Le fonctionnement de lampes UV pendant quatre heures ou fonctionnement 24 heures d'utilisation continue.

Cet Book est conçu comme un guide étape par étape pour la première définition de son système de stérilisation UV de l'eau, puis correspondant du projet avec l'un des exemples donnés pour la fourniture de l'énergie solaire. Si vous avez besoin des quantités d'eau plus traités proposés dans la liste des exemples, utilisez le chapitre deux de définir votre projet afin que votre fournisseur stérilisateur UV de l'eau peut rapidement identifier le bon système à utiliser pour votre projet spécifique.

Le traitement et la stérilisation de l'eau sont essentiels. L'eau est nécessaire là où les humains fonctionnent, et de l'eau potable peut être produite à partir de la même source d'eau, même si elle est saumâtre. Les panneaux électriques solaires (photovoltaïques) sont le moyen le plus efficace pour dynamiser les stérilisateurs UV avec une grande performance, fiabilité et coûts de carburant et sans sites distants.

Catastrophes naturelles, des urgences de l'homme et des régions éloignées ont besoin de traitement causée eau où l'homme a été mis en place. Panneaux solaires électriques, un prix historiquement bas, peut être votre solution pour pouvoir stérilisateurs UV.

stérilisateurs UV utilisent la lumière ultraviolette de haute intensité pour détruire les agents pathogènes qui vivent dans des sources naturelles d'approvisionnement en eau. De l'eau propre peut être produite à partir de sources d'eau douce et eau salée. Ce livre électronique est conçu comme un guide pour le dimensionnement et construire son système unique de traitement de l'eau avec l'énergie solaire photovoltaïque UV, un traitement UV de l'eau n'est pas connecté au réseau, l'énergie solaire en courant indépendante.

L'eau potable est une nécessité vitale. Panneaux solaires photovoltaïques sont bien placés pour fournir de l'énergie aux systèmes de stérilisation pour les sites distants. Cet Book est écrit pour être une ressource à cet égard et à soutenir cet effort.

Chapitre Un - Comment Travailler UV Stérilisateurs eau

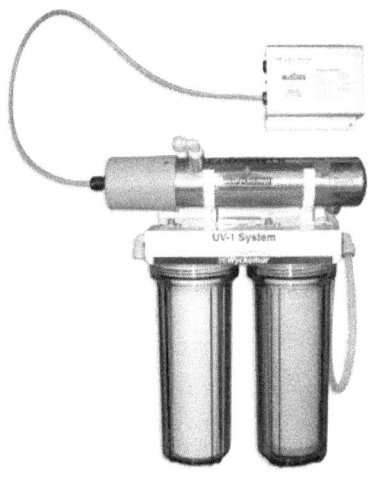

La lumière ultraviolette provoque beaucoup est connu comme un endroit idéal pour produire de l'eau potable à partir de sources méthode de polutas. Il ya de nombreuses années, les scientifiques ont découvert que la lumière de longueur d'onde des ondes UV peut détruire les organismes pathogènes provoquant des infections que l'on trouve dans notre eau potable en cassant l'ADN de vos cellules transformer ces organes inerte. Produit par des moyens naturels artificiels, UV 254 nm livré correctement est très efficace pour la stérilisation de l'eau pour les agents pathogènes.

La lumière UV à une dose suffisante est un stérilisateur qui détruit efficacement toutes les bactéries communes, les virus et les spores qui se trouvent régulièrement dans l'eau, y compris, coliformes, E. coli, Cryptosporidium, l'hépatite, la grippe, M. tuberculosis, Giardia, V. cholerae, Legionella, Salmonella, B. anthracis, pour n'en nommer que quelques-uns.

Le stérilisateur à rayons UV comment, avec des filtres appropriés, tue 99,99% des germes pathogènes dans l'eau, sans produits chimiques, ce qui rend l'eau saumâtre en propre, sûre et agréable à boire.

Les catastrophes naturelles ou causées par l'homme, la grille est la première chose qui va. Le traitement de l'eau et des déchets, si le site est souvent mortellement compromise par l'existence d'une catastrophe, l'élimination de l'infrastructure ou de la disponibilité de l'offre pour le faire fonctionner. les systèmes d'alimentation PV ne sont pas connectées au réseau ou à des isolats peuvent fournir la puissance pour un seul système de traitement de l'eau, et ont une meilleure chance de rester opérationnel en cas de sinistre pour ne pas être connecté au réseau.

La technologie des UV simulant nature à éliminer les agents pathogènes provoquant des infections dans l'eau. Agissant comme les UV solaires, systèmes artificiels UV attaquent l'ADN des agents pathogènes, tuant ses cellules et financer leur eau est potable.

utilisation de systèmes de traitement UV de l'eau d'électricité pour alimenter des lampes haute puissance UV. Ces lampes sont entourés par un tube transparent de l'eau qui conduit l'eau vers le haut du tube et autour de tous les côtés sous irradiation UV pour un débit donné.

L'énergie requise par le système est très faible stérilisateur UV parce que les lampes UV les ballasts sont très efficaces. L'obligation pour les faibles stérilisateurs puissance UV fait bon être alimenté par l'énergie solaire in situ.

Systèmes solaires photovoltaïques UV traitement de l'eau correspond bien à une utilisation pratique dans des endroits éloignés, et espère montrer comment ce livre est un grand avantage pour l'opérateur d'installation.

Pourquoi Stériliser avec un traitement de l'eau UV?

Il existe de nombreuses façons de stériliser l'eau. Les agents pathogènes présents dans l'eau peuvent être détruits en utilisant l'ozone, le peroxyde d'hydrogène, des chlorures, et même des radicaux hydroxyles (OH), et s'ils sont bien conçus, peuvent être très efficaces. Cependant, aucune de ces approches a atteint une maturité suffisante pour être rentable dans les régions éloignées, et l'énergie solaire, comment il a fait et est devenu, selon l'expérience de l'auteur.

Le traitement UV de l'eau et de l'approche de stérilisation utilise un premier filtre de l'ensemble des particules avec le filtre à sédiments ou les filtres. Ensuite, le système filtre UV particules résiduelles (inférieures à 5 microns) avec un filtre de bloc de carbone. Une fois que les particules sont enlevées, la dernière étape débute par une forte dose de rayonnement UV. Passant en spirale vers le haut et autour de la lampe UV, un mince filet d'eau est irradiée de tous les côtés, détruire tous les microorganismes avec 99,99% de retrait. systèmes UV pour le traitement de l'eau est l'auto-surveillance, et sont fournis alarme d'avertissement si les lampes UV ne dessous des normes pour une raison quelconque.

Avantages de l'UV de traitement d'eau de stérilisation:

Aucun des produits chimiques sont utilisés dans l'utilisation de la stérilisation par UV et par conséquent aucun impact sur l'environnement, il n'y a pas de déchets, et aucun surdosage possible, que des traitements chimiques. Technologie UV, en n'utilisant pas de produit chimique, ne produit pas de sous-produits chimiques qui peuvent introduire d'autres méthodes chimiques telles que la combinaison de chlorures organiques et produire des trihalométhanes.

Les stérilisateurs d'eau UV sont les applications les plus utilisées "Spot utilisation." Installé dans "la consommation de l'article« comment la dernière étape dans le traitement de l'eau, stérilisateurs UV offrent en temps réel et la livraison immédiate de la "eau potable." Cette capacité de traitement immédiat garantit que l'eau que vous buvez respecte les normes liste préparés pour la consommation par la population.

Les stérilisateurs d'eau UV qui utilisent filtre bloc de carbone 5 Micron, ne provoquent pas de changement dans le goût, l'odeur, le pH, ou de l'eau de conductivité. Les oligo-éléments minéraux essentiels restent dissous dans l'eau avec une eau propre et saine à la demande.

Stérilisation de l'eau des systèmes UV auto-surveillance et assurer un fonctionnement automatique. Ils sont faciles à installer comme un pré-assemblés et testés en usine systèmes système montable, UV sont répertoriés dans les exemples suivants ci-dessous, ils sont faciles à travailler dans des conditions de terrain. Les filtres à cartouche de remplacement et les lampes UV lorsque requis, est strictement facile à faire en quelques minutes. L'alarme de l'écran de la lampe UV sons si vous avez une lampe, de sorte que ces stérilisateurs bien conçus offrent une fiabilité en état de marche.

stérilisation de l'eau des systèmes UV sont économiques à l'usage. Vous pouvez vous attendre à ce que la stérilisation des centaines de gallons par minute pour cent des coûts d'exploitation. Couplé avec alimentation solaire, votre traitement de l'eau système d'UV peut être totalement exempt de frais de carburant construits. Si votre site ou emplacement est très éloignée, sans achats de transport ou de carburant peut être un grand avantage.

Chapitre II - Définition de la meilleure étape par étape du Système de Traitement d'eau UV pour le Travail

Le dimensionnement de votre traitement de l'eau système UV est de livrer sur gal Jour lecture de ce livre suggère ayant un projet de traitement UV de l'eau à l'esprit. L'eau est un bien ou une source d'eau de surface ou une décision municipale? Les étapes suivantes vont vous de définir vos besoins de traitement des eaux comment la base pour choisir le meilleur matériel pour le travail.

Première étape: Quelle est la source de votre eau?

La première question qui vient est: «Est votre source d'eau douce ou salée" douce ou salée, peuvent être des puits, des étangs, des ruisseaux, les étangs, les lacs ou les petites rivières. Les sources d'eau salées peuvent être de l'océan, ou de l'océan voisin. Si vous avez besoin de traiter l'eau de sel, alors vous aurez besoin d'une osmose inverse (SOI), qui nécessite sa propre alimentation d'énergie solaire pour prétraiter l'eau avant d'être stérilisée par UV.

systèmes de traitement de SOI supprimer sels de courant, mais ne garantissent pas que l'eau est potable et salubre. Pour tuer les bactéries, les virus et agents pathogènes, vous aurez besoin d'une stérilisation de l'eau UV. Pour les sources d'eau de mer s'il vous plaît visitez le chapitre 8, car il doit y compris un SOI dans votre projet.

Deuxième étape: Quelle est la pression de la source de l'eau?

Votre source d'eau toundra sa propre pression, comment une prise d'eau municipale, ou à partir d'un réservoir d'eau, ou ne sera pas. Si votre eau n'est pas sous pression, vous devrez fournir une pression. Les stérilisateurs d'eau UV nécessitent une pression d'entrée des ouvrages hydrauliques, et a une pression de travail maximale de 125 PSI (8,5 bar).

Pression de l'eau courante à partir de la ville varie, mais est généralement dans la plage de 30 psi (2,04 bar). Si votre source d'eau est décision municipale alors la pression viendra d'exister dans la conduite d'alimentation et vous pouvez vous connecter directement à votre système de stérilisation de l'eau UV.

De nombreux sites utilisent le char à distance ou d'une citerne, placé au-dessus de la voiture ou la maison, pour fournir la pression de l'eau. Ce système d'alimentation "gravité" donne la pression de la conduite d'eau à l'intérieur de l'eau de stérilisateur UV. Si vous construisez votre réservoir, assurez-vous de placer votre réservoir ou un réservoir d'au moins 70 pieds (21,34 m) au-dessus de l'élévation de la maison, à une pression adéquate. La hauteur de 70 pieds amener la pression nominale de 30 PSI vous avez besoin, et la jouissance.

Si votre source d'eau est un bien, vous pouvez pomper et stocker votre eau dans le réservoir, comment décrit ci-dessus, ou vous pouvez vous connecter une pompe à eau solaire séparé pour pomper l'eau du puits directement à votre système de traitement UV eau.

La toundra filtre à eau du système de traitement aux UV en ligne à l'entrée de commencer à filtrer les particules les plus grosses dissous dans l'eau, tels que la poussière, les moisissures, de la rouille, les débris et autres échelles, avec le deuxième étage de filtre filtre à charbon élimine autre mineur de particules et inférieure à 5 microns. Pour plus d'informations sur l'approvisionnement des pompes solaires pour les pompes de puits, s'il vous plaît se référer à mon livre "PV solaire de pompage de l'eau."

Si votre eau est très faible, alors comment un étang, lac, ruisseau, rivière, réservoir ou citerne doivent wangle une altitude moyenne de pression. Une solution consiste à connecter directement une stérilisation de l'eau UV système de pompe de surface.

Connexion d'un quartier de la pompe directement à votre stérilisateur UV permet à l'eau et à votre système d'une source totalement saumâtre et poluta. Idéal pour des conditions réelles générales. Pompes également surface équipée d'un filtre en ligne située avant la pompe pour éliminer les particules en suspension. Stérilisateurs UV auront aussi un jeu pour Filtre maximale en ligne cette recherche. Pour plus d'informations sur les spécifications d'alimentation Pompes Pompe de surface solaire, s'il vous plaît se référer à mon livre "PV solaire de pompage de l'eau".

Troisième étape: Quelle est la qualité de l'eau de ma fontaine d'eau?

La source d'eau que vous utilisez une clé de stockage est de savoir comment sélectionner la considération de bon équipement. Si votre source d'eau est un puits profond, alors vous serez dans la meilleure situation parce que l'eau profonde est généralement très propre, et ne peut pas exiger système de filtrage supplémentaire.

Toutefois, si votre source d'eau est un bien, vous pouvez construire votre eau dans un grand réservoir, ou connectez directement votre stérilisateur pompe de puits submersible UV elle. Voir PV solaire de pompage de l'eau» pour des informations sur des pompes submersibles.
Si vous faites partie d'une eau de surface Source, combien une piscine, étang, rivière, ruisseau, rivière, ou une autre source de surface, alors vous avez certainement des particules de la toundra et autres polluants présents. Pour les sources de surface, vous avez besoin d'un système de pompe de surface pour fournir la pression de travail nécessaire pour le bon fonctionnement du traitement de l'eau UV. Voir PV solaire de pompage de l'eau pour des informations sur les pompes de surface. Dans tous les cas, l'eau de surface provenant de la source à filtrer.

systèmes de stérilisation UV citées dans les exemples sont ici deux étapes de filtration. La première étape est l'étape de sédimentation. Filtres en ligne se présentent sous forme de cartouche et sont calibrés pour les particules de moins de 5 microns. Le filtre à sédiments élimine l'eau plus tels que la saleté, la rouille et d'autres particules en suspension dans les particules d'eau.

La deuxième étape de filtration est un type de filtre à bloc de carbone, séparation des chlorures, des odeurs et des saveurs et d'autres particules qui passent à travers la première étape, en éliminant aussi les particules inférieures à 5 microns.

Si vous êtes confrontés à une qualité
particulièrement difficile de l'eau, puis ajouter les
filtres supplémentaires en ligne. Un autre ensemble
de cartouche de filtre de l'étape 10" (254 mm) ou
30" (762 mm) et les filtres de second étage, les
paramètres de l'eau à de faibles niveaux de qualité.

Turbidité - (matières en suspension)

La turbidité de la source d'eau est important.
Particules en suspension dans l'eau peuvent couvrir
ou bloquer la lumière UV qui atteint chaque micro-
organisme dans l'eau. Le sédiments Filtre première
étape (5 microns) élimine la poussière, les oxydes et
les particules longues.

Filtre Carbon Block Deuxième étape (5 microns)
balayer toute chlorure et d'autres petites particules
quittant son eau prêt pour la phase finale de
l'absorption du rayonnement UV.

Goûter et tester votre turbidité de l'eau. Vous devez
garder la turbidité de l'eau inférieure à 1,0 NTU.

Filtres en ligne ci-dessus doivent fonctionner dans
les meilleures conditions pour atteindre ces niveaux
de moins de 1,0 NTU. Si la source d'eau est un
trouble massif, puis d'utiliser un ensemble de filtres
à cartouches supplémentaires comme
prétraitement en ligne.

DNT - (solides dissous totaux)

Niveau DNT ne doit pas dépasser 500 ppm (parties par million). Dureté totale (sels de calcium et de magnésium) Mineure doit être de 10 gpg (grains par gallon). Si votre échantillon dépasse cette valeur doit être ajouté en ligne d'un adoucisseur d'eau avant les filtres.

Tanins et couleurs doivent être à moins de 2 ppm dans leur échantillon, ou besoin d'un traitement de l'adoucisseur d'eau.

Fer à repasser - doit être faible de 0,33 ppm.

Manganèse - doit être inférieure à 0,05 ppm.

Si votre échantillon dépasse l'une de ces normes devront ajouter des filtres, ou un acte d'adoucisseur d'eau comme traitement pré et propre avant votre entrée d'eau. Les filtres installés (sédiments Filtres Filtres Première étape carbone et Deuxième étape) au sein de son système sera par la suite un traitement UV. Puis irradier l'eau avec une forte dose d'UV, ce qui laissera l'eau propre, agréable et sécuritaire.

Quatrième étape: Combien d'eau dois-je tous les jours en gallons par jour?

Dimensions de l'énergie solaire offre sont directement liés à la quantité d'eau que vous souhaitez stériliser. Le plus d'eau dont vous avez besoin, plus votre solaire build du système d'alimentation photovoltaïque.

Demandes résidentiels varient selon l'utilisation et le mode de vie. Demandes d'habitation varient selon l'utilisation et le mode de vie. Petits chalets, cabines. Maison jusqu'à 3 personnes ont généralement besoin d'au moins 240 gallons par heure (908,5 litres) pour boire, cuisiner, nettoyer, etc. Venez à environ 80 GPD (302,8 LPD) par personne, y compris tous les usages de consommation courante, cependant, devraient analyser leurs besoins en eau actuels et de développer leur GPD graphique.

Étape Ayes: Combien besoin de l'énergie solaire pour alimenter le système d'UV?

La quantité totale d'eau que vous stériliser quotidien est la clé de la taille de votre question solaire d'alimentation du système. Affiche systèmes énumérés ci-dessous ont déjà été calculées, mais si vous voulez à la taille de votre propre système, l'information suivante sera utile.

stérilisateurs UV de l'eau sont généralement évalués en gallons par minute (GPM). En 60 minutes par heure, toutes les heures de l'eau pompée sera 60 fois le GPM. Si le GPM est 10, en une heure pourrait fournir 600 gallons. Panneaux solaires électriques, toutefois, fournir de l'énergie pendant la journée, et nous estimons le nombre de Pico heures léquivalent d'une localité donnée reçoit du soleil pour calculer combien d'énergie un panneau solaire photovoltaïque peut produire donné.

Le soleil est une source puissante d'énergie. En termes de puissance de pointe dans l'énergie solaire, le soleil est au prix de conditions d'évaluation standard (STC). Ces conditions définissent la densité de puissance de pointe de l'énergie solaire à la surface de la Terre pour alimenter 1 000 watts par mètre carré (environ 10,5 pieds carrés). Remarque: Le STC définir également la quantité de masse d'air qui prend le passage du soleil (1,5 AMO), température (77 degrés F) 25 ° C, vitesse du vent de 2 m / s, pour une meilleure définition des ces conditions standard pour l'évaluation.

Pour déterminer la quantité d'énergie solaire que vous avez dans votre région voir Heures de pointe-Soleil pour votre position sur une carte solaire. Dans nos exemples, nous utilisons ici une ville dans le Kansas avec 5,5 heures de pointe Sun Notez le débit de pointe pour votre emplacement.

La ressource d'énergie solaire se produit dans un état optimal dans un ciel clair, un kilowatt (1 000 watts de puissance optique disponibles pour la conversion) par mètre carré. Modules électriques solaires (panneaux photovoltaïques PV) convertissent l'énergie optique est en courant continu ou en continu (CD ou DC) avec un bon rendement livrer environ 140 Watt d'électricité par mètre carré.

Les panneaux photovoltaïques sont "bien connectés" pour produire la tension désirée. Chaque "cellule" solaire produit environ la moitié Volt CD lui-même. Étonnamment, même dans des conditions nuageuses solaire produire de bonnes tensions.

La quantité d'énergie solaire qui frappe le panneau PV donne un montant de «courant» que les cellules produisent. Un soleil plus direct, plus de courant de sortie. Les cellules solaires sont reliés entre eux pour produire des modules solaires que vous pouvez utiliser pour votre projet de traitement d'eau UV.

Un mètre carré de lumière du soleil produit une force électrique puissant. Produire 140 Watt 12 VDC Courant à un peu plus de 10 ampères est généré. Il s'agit d'une quantité respectable de puissance et peut stériliser une quantité incroyable d'eau.

Quand vous savez que le volume d'eau par jour pour un projet de stérilisation de l'eau donnée souhaitée système UV, alors vous êtes en mesure de la taille et de dynamiser le projet avec le système de PV solaire adéquate. Dans les chapitres suivants, nous allons discuter de différents systèmes UV de stérilisation de l'eau pour certains volumes et de l'eau couler.

Septième étape: Choisissez le meilleur système de traitement de l'eau avec l'énergie solaire photovoltaïque.

Dans les chapitres suivants, le meilleur système UV alimenté par des panneaux solaires photovoltaïques pour votre projet est sélectionné. Correspondre à l'exemple de système qui correspond le mieux à votre eau totale souhaitée vous voulez livrés chaque jour en gallons par jour (GPD). Certaines applications, telles que la transformation des aliments, peuvent nécessiter des débits encore plus élevés. Les systèmes énumérés ci-dessous sont organisés par Flow et total de gallons par jour livrés.

Une fois cette statistique vitale connue propos de votre traitement UV de l'eau du projet en utilisant l'énergie solaire, le fournisseur de l'équipement peut savoir comment configurer votre système. Un autre choix est de faire correspondre des systèmes présentés dans ce livre celui avec lequel vous vous approchez les conditions et les exigences de votre projet de traitement des eaux. Si vous ne voyez pas un système assez forte dans la liste, puis aller aux viaducs et visiter **Solardyne.com** www réseau de réseaux pour plus d'informations sur les grands systèmes.

Chapitre Trois: Les systèmes utilisant des panneaux solaires Solar Power PV pour charger les batteries d'alimentation

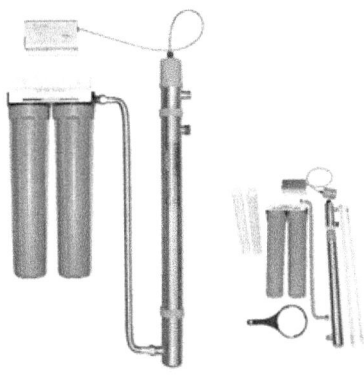

Le soleil est une source puissante d'énergie de puissance et les systèmes de stérilisation de l'eau de PV idéal dans les zones reculées. Les modules solaires produisent de forts courants CD, et sont bien adaptés aux conditions extrêmes pour sa durabilité et sa fiabilité éprouvée. Les panneaux solaires photovoltaïques produisent des tensions fortes, même à de faibles niveaux d'éclairage fournissant une certaine capacité à charger votre batterie même par temps nuageux.

Panneaux photovoltaïques solaires sont configurés pour fournir un certain rendement spécifié sur un large éventail de conditions climatiques.

Par conséquent, les systèmes PV solaires de charge de la batterie sont "surdimensionné" pour compenser la variabilité de la ressource solaire dans la localité.

Traitement UV Systems eau nécessite une alimentation. Le «énergie» nécessaire pour améliorer la charge électrique totale est calculée à partir de la connaissance de la demande d'énergie, et des heures par jour que vous pouvez exploiter l'équipement. L'énergie est égale à la puissance par le temps. Un kilowatt de puissance utilisée pour un temps nécessite un kilowatt-heure (kWh) d'énergie.

La lumière naturelle contenant de la lumière de plusieurs longueurs d'ondes, et peuvent être utilisés séparément, à des fins différentes. Les courtes longueurs d'onde (200-400 nm) et UV sont idéales pour les applications de traitement de l'eau et de la stérilisation. Les longueurs d'onde visibles (400-720 nm) de Violet, Indigo, Bleu, Vert, Jaune, Orange, Rouge, et prenant progressivement plus longues longueurs d'onde, sont excellents pour la production d'électricité solaire photovoltaïque (PV).

Longueurs des longueurs d'onde présentes dans la lumière du soleil, Infra-Rouge (720-1100 nm) est idéal pour des applications telles que l'air de chauffage thermique ou de l'eau. Toutefois, pour les fonctions de stérilisation de l'eau, seuls les rayons UV de courte longueur d'onde (environ 254 nm) sont capables de tuer les micro-organismes dans l'eau.

Il existe des technologies de conversion solaires qui utilisent du spectre solaire UV vie naturel directement d'interrompre les organismes pathogènes dans l'eau. L'utilisation directe du rayonnement UV solaire est démontrable en phase expérimentale, mais pas aussi compact et fiable a développé une technologie stérilisateur UV avec de l'électricité solaire.

Il est également intéressant de noter que la lumière UV qui tombe naturellement est inférieur à 2% du spectre solaire a émergé. Cependant, notre approche consiste à utiliser l'énergie solaire comme source d'électricité.

Des panneaux solaires photovoltaïques modernes peuvent avoir une efficacité de 14% dans le domaine. Par conséquent, thermodynamique, la conversion de l'énergie solaire, d'abord, en électricité, puis exécutez une lampe UV produit de nombreuses fois plus de lumière UV de 254 nm qui se produit avec la lumière par mètre carré.

Ce livre utilise des exemples de l'énergie solaire pour produire de l'électricité. L'électricité solaire est utilisée pour charger une batterie. Les batteries chargées à l'énergie solaire peuvent fournir de l'énergie à un inverseur pour AC norme d'alimentation qui peut alimenter un traitement de l'eau UV sur demande.

Systèmes d'énergie solaire pour stérilisateur UV comprendront une gamme de panneaux solaires photovoltaïques avec le matériel de montage pour ajouter et installer vos panneaux in situ. Le courant continu produit par les panneaux solaires est connectée à un régulateur de charge.

Le régulateur de charge est le "cerveau" du système, et remplit diverses fonctions pour maintenir votre système énergétique sûr, et fonctionne efficacement. Le régulateur de charge ajuste la puissance provenant du PV de panneau solaire de trouver son point de puissance maximale. Les contrôleurs utilisent ce maximum de suivi Power Point (MPPT MPPT ou en anglais) pour correspondre à la sortie idéale des panneaux pour charger les batteries à une tension spécifique.

Les contrôleurs contrôlent également la tension de charge de la bactérie, et fournissent une protection à la bactérie à partir de deux conditions. Haute et basse tension.

Des conditions de haute tension se produisent lorsque vos piles commencent surcharge. La surcharge est nocif pour la batterie et peut conduire à leur échec. Par conséquent, le régulateur de charge détecte cette condition et emploie une haute tension de déconnexion (DAV) Ce DAV (HVD anglais) indique au conducteur d'ouvrir le circuit des panneaux solaires pour charger plus se produisent aux batteries.

En outre, si la tension de la batterie est détectée par la façon très faible le contrôleur, le contrôleur utilise un débranchement de la basse tension (LVD DBV ou en anglais) pour interrompre la charge du circuit de puissance, plus de charge et pas de sortie batterie. La condition DBV est également nocif pour les batteries et est utilisé pour la protection du circuit.

Parce que le traitement de l'eau est si vital, l'utilisateur doit être capable de démarrer le système et de l'eau propre à la demande 24/7. Pour ce faire, nous utilisons une banque de batterie qui stocke l'énergie par des panneaux solaires photovoltaïques pour alimenter le stérilisateur UV. Des exemples de groupes de batteries dans les échantillons mentionnés ci-dessus sont basés sur les systèmes d'énergie totale requise par le stérilisateur UV de l'eau pour un travail de plusieurs heures, et la quantité totale d'eau nettoyée et livrés en gallons par jour

En ce qui concerne les blocs d'alimentation, toutes les tensions de travail "descente." Si vous souhaitez dynamiser charge 12 VCC à partir d'un panneau photovoltaïque, vous aurez besoin de produire plus de 12 VCD pour gérer la tension de charge soit à partir d'un panneau solaire photovoltaïque ou d'une batterie. Pour un panneau solaire photovoltaïque produit plus de 12 fabricants VCD 36 cellules individuelles doivent être raccordés en série à l'intérieur du module. Cableándolas pour une connexion série "Ajoute" produire une tension de 18 V CC valeur nominale.

Sous la charge, lorsque vous vous connectez le stérilisateur UV, la chute de tension dans le système dirige la façon dont le panneau solaire.

Panneaux solaires petites 60-135 Watt sont généralement de 12 VDC. Si vous voulez des systèmes de plus haute tension relient ces modules en série. Deux en série pour 24 VDC. Quatre séries de 48 VDC. Panneaux solaires plus grandes, de 140 à 280 Watt sont câblées et raccordées à 24 VDC chacun. Connectez deux panneaux en série pour 48 VDC. Le CD de la tension de système solaire photovoltaïque est déterminée par l'onduleur vous choisissez de donner le pouvoir à la charge.

De l'onduleur de tension d'entrée, vous déterminez sa tension de fonctionnement de bactéries (ils doivent s'adapter), et retour à partir d'ici, vous saurez ce que votre câblage de tension des panneaux solaires. Encore une fois, la tension solaire DC doit correspondre à la tension de la batterie, qui, en fonctionnement doit correspondre à la tension d'entrée du variateur de CD.

Remarque: Lorsque le câblage des panneaux solaires photovoltaïques se connectent en série pour augmenter la tension (courant reste le même), et de les connecter en parallèle pour augmenter le courant (tension reste la même).

L'énergie produite par le panneau photovoltaïque
L'énergie solaire est le taux multipliée par les heures
de pointe - Daily localement.

Vérifiez auprès de votre section locale carte de
l'énergie solaire, et notez combien d'heures
rayonnement solaire Sol Pico reçu localement.

Montage des panneaux solaires sur votre ville -
Options.

Les panneaux solaires peuvent être montés dans
une variété de façons. Ces options comprennent le
montage sur un poteau sur le sol, montage au
plafond, et monte une surveillance passive et le
tracé actif.

Montures fixes maintiennent le panneau solaire
avec un angle spécifique d'inclinaison, qui est
réglable. Pour augmenter le rendement de vos
panneaux solaires photovoltaïques de moins, vous
pouvez régler l'angle des variations saisonnières de
maximiser l'exposition au soleil. Tous les
assemblages sont faits avec inclinaison solaire plein
sud où nous sommes situés dans une ville de
l'hémisphère Nord. (Remarque: Nord Est de ses
panneaux si elle est située dans une ville dans
l'hémisphère sud).

panneaux photovoltaïques pour le pompage de
l'eau ont besoin d'une structure solide et fiable. Des
panneaux solaires photovoltaïques peuvent être
montées sur le poteau à son extrémité supérieure, à

la tête de mât, ou même à côté. L'équipement pour le côté montage a un support le long de la partie supérieure et inférieure du panneau solaire photovoltaïque.

Le montage sur poteau est un excellent choix, car il maintient votre panneau de sol au-dessus de minimiser les effets du sol sur le panneau, comme l'augmentation de la saleté et de la poussière. En outre, câblage de vos panneaux, comment sont déjà montés sur la structure de support, est plus facile à faire ramper manuellement sous eux (Les boîtes de jonction sont situés sous les panneaux).

Le pôle monter votre panneau solaire permet également une installation plus facile. De petits panneaux solaires seront installés sur un diamètre standard de tube de 1,5" (38,1 mm) annexe N ° 40. La préparation du site comprend creuser un trou et mettre le poste de béton.

PV de jusqu'à 2000 watts monté dans l'Extrême-Post, panneaux solaires sont montés dans les tuyaux de diamètre 2,5" (63,5 mm) annexe n ° 40, ou 3,5" (88,9 mm) et jusqu'à 4,5" (114,3 mm) pour de plus grands tableaux. Les exemples ci-dessous montrent les diamètres spécifiques pour leurs montures.

Pour robustesse, faible coût, vous pouvez également faire votre montage au sol panneau solaire. Ce rez-de-montage est généralement fait avec une structure en forme de A, qui vous permet de régler l'angle d'inclinaison. L'angle idéal général pour le montage de vos panneaux solaires prend l'angle de latitude du site et soustraire 15 degrés. Donc, si votre ville a une latitude de 45 degrés, l'angle d'inclinaison approprié de votre générateur photovoltaïque solaire devrait être de 30 degrés mesurés à l'horizontale.

Remarque: Si votre site est dans une ville tropicale ou quelque part avec Temps nuageux, le meilleur angle a pas d'angle. Montez votre écran plat dans un plan parallèle au sol. Donc, vous recevez le rayonnement solaire le plus «global», qui est un rayonnement de rayons directs et indirects.

Vous pouvez également monter votre photovoltaïque solaire sur votre toit si votre site est sur. Dans de nombreux cas, il n'est pas possible, alors je ne mentionner que variante est de savoir comment un choix.

La production de l'énergie solaire est augmentée si vous êtes toujours face au soleil. L'équipement de surveillance le fait dans un axe - du matin au soir - ou sur deux axes - Altitude et azimut - ce qui est plus précis.

Les adeptes sont classés en deux types: passives et actives. Suiveurs passifs tels que des boîtes Zomeworks ont une grande force, et augmentent la sortie du panneau solaire PV de 25% en moyenne. Abonnements type passif utilisent le chauffage inégal de gaz internes sur Ajuster le panneau tout au long de la journée, selon le soleil. Dans la matinée, les disciples remis à lever et répéter le cycle.

Les systèmes d'alimentation photovoltaïques fonctionnent le mieux en plein soleil. Après le passage du soleil, de la production d'énergie solaire photovoltaïque a augmenté de plus de la valeur nominale.

Adeptes actifs utilisant les signatures Wattsun Trackers actifs augmentent la production de panneaux solaires photovoltaïques combien 35%. L'utilisation d'un capteur et servo moteurs solaires, alimentés par un réseau de panneaux solaires photovoltaïques indépendants, vous followers Wattsun extraire la puissance maximale de votre générateur photovoltaïque solaire.

Il existe une augmentation du coût de l'équipement, mais les performances du système augmente de façon spectaculaire. Si votre site est très éloignée, je vous recommande un système sans pièces mobiles, et d'aller vers un système de type Far Poste de montage qui nécessite potentiellement aucune maintenance.

Si votre site dispose d'un accès facile, ou si vous êtes dans un encombrement réduit, une surveillance active est une excellente façon d'améliorer les performances.

Dans l'échantillon des systèmes énumérés ci-dessous va utiliser deux exemples de panneaux solaires photovoltaïques. Pour les petits systèmes solaires photovoltaïques notés à 12 VDC chaque, Dasol 30, 60, 90, et 135 watts de puissance, respectivement, les panneaux sont cités. Pour les plus grands panneaux solaires photovoltaïques utiliseront les modules populaires et largement disponibles REC 250 Watt de ligne nominale de 24 VDC chacun.

Les personnes choisies pour la liste des composants dans les exemples ci-dessous des exemples de systèmes, les batteries sont sans entretien, de type étanche et résistant aux fuites. Les batteries Gel étanches sont conçus pour être rustique et fiable. Ces batteries peuvent fonctionner dans n'importe quelle orientation (de haut en bas n'est pas recommandé), et sont construits pour la longévité et l'expédition.

Toutes batterie solaire de systèmes photovoltaïques de charge Contrôleur de charge utilise une taille appropriée, alors il `protéger la Banque de batteries pour la fiabilité et sans entretien. Les piles utilisées dans les exemples sont scellés 12 VDC. Pour les systèmes plus les batteries sont connectées en série ou en parallèle, ou les deux, en fonction de la tension d'entrée de l'onduleur.

Un onduleur est ajouté pour convertir les batteries d'une capacité de CD unique en électricité de courant alternatif en phase pour alimenter le système de traitement de l'eau aux UV.

Remarques concernant l'installation et fournitures Localisation votre PV solaire.

Votre système d'énergie solaire peut être situé à une certaine distance de votre stérilisation UV de l'eau du système. Le stérilisateur d'eau UV doit être installé à l'intérieur si la température descend en dessous de 4 degrés C (40 degrés F). La plage de température optimale pour matériel de stérilisation UV est comprise entre 9 et 29 ° C. Le système d'alimentation solaire photovoltaïque peut être monté à 200 pieds (60,96 m) de l'emplacement du système stérilisateur UV de l'eau.

Remarque: Si vos panneaux solaires photovoltaïques doivent être situés à plus de 200 pieds (60,96 m) banque de batteries, et le système stérilisateur UV de l'eau, vous pouvez augmenter la tension de votre réseau d'énergie solaire photovoltaïque pour compenser les pertes dues à la tension augmenter la longueur de câblage. Apportez vos câbles PV de l'électricité solaire à votre banque de la batterie, où son Contrôleur de charge, Onduleur et batteries sont situées. Si votre hôtel est situé dans un endroit très chaud pour augmenter sa tension en ajoutant un autre Array solaire panneau en série pour augmenter la tension de la chaîne de PV.

Les sites distants sont connus pour la difficulté de son approvisionnement. Souvent elles n'ont pas de puissance disponible, qui est le point de ce livre, aux systèmes d'alimentation avec des stérilisateurs UV Le traitement avec l'énergie solaire photovoltaïque. En tant que tel, les composants électroniques sensibles de leurs panneaux solaires nécessite une protection. Ils sont inclus dans les exemples décrits ci-dessous, les piles de boîtes de protection du climat et d'autres externalités environnementales. Boîtes de batterie sont isolés ou non. Si vous êtes dans un climat très froid isolé les utiliser. Si le temps est chaud, les utiliser sans l'isoler. Si le temps est chaud, utiliser isolé.

Les panneaux solaires photovoltaïques sont montés en post Extreme (d'autres options existent, comme le Mont étage, au plafond, ou piste) pour installer le photovoltaïque solaire comment la tête d'un mât. L'équipement d'un mât est fixé à l'extrémité supérieure d'un tube vertical en acier de 1,5" (38,1 mm) à 4,5" (114,3 mm) de diamètre, annexe n° 40, incorporé dans le sol pour l'installation de panneaux solaires photovoltaïques . Les tableaux d'installations photovoltaïques au sol pu7eden âgées utilisent des plates-formes comme stables et fiables, que leurs fondations peuvent être en sécurité sur le terrain, menant dans des endroits extrêmes.

L'idée générale est de monter le système stérilisateur UV de l'eau soit la structure principale d'eau ou au point d'utilisation est plus souhaitable d'utiliser le point, car il n'est pas possible de contamination croisée. Si vous montez le système UV à son entrée d'eau principale, alors assurez-vous de stériliser le tube en bas du courant afin que l'eau n'atteigne l'utilisateur propre non contaminé.

Les chapitres suivants porteront sur les détails d'approvisionnement en eau des systèmes de traitement UV et solaire photovoltaïque correspondant pour un journal donné, traitement de l'eau en gallons par jour (GPD) livré volume.

Plan général:

Si votre approvisionnement en eau pour le traitement provient d'une source municipale, vous devez utiliser la stérilisation UV système d'alimentation en eau et l'énergie solaire photovoltaïque.

Si votre approvisionnement en eau pour le traitement provient d'une source de surface comme un étang, lac, ruisseau, cours d'eau, ou un réservoir ou d'une citerne à la même altitude, vous aurez besoin d'une source de pression, de sorte que vous aurez besoin d'une zone de la pompe. Cet Book couvre la fourniture de systèmes d'énergie solaire pour la stérilisation de l'eau UV. Si vous avez besoin pour alimenter votre pompe avec le soleil voir mon autre livre PV solaire de pompage de l'eau pour les spécifications sur le pompage solaire et votre approvisionnement en énergie.

Si votre source d'eau est un puits profond, alors vous avez besoin d'une pompe submersible, voir "PV solaire de pompage de l'eau″ pour les spécifications sur les pompes submersibles et de l'alimentation.

Dans les exemples qui suivent, nous discutons de solaires Alimentations pour un débit donné de traitement d'eau UV, et le nombre d'heures par jour que le système fonctionne pour une livraison de l'eau de l'eau traitée donnée exprimée en gallons par jour.

Chapitre Quatre: Système stérilisateur UV de l'eau à 4 GPM (15.1 LPM) avec alimentation d'énergie solaire de 240 à 5,760 gallons par jour (908,5 pour 21 804 LPD)

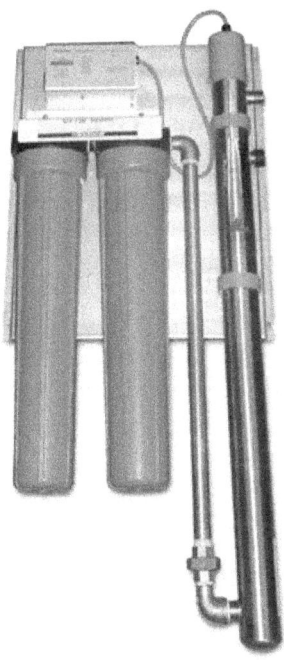

Dans ce chapitre, nous allons observer un système de calibrage de traitement d'eau UV pour l'utilisation d'une petite cabane ou de maison avec des systèmes d'alimentation différents en fonction de la quantité d'eau dont vous avez besoin pour stériliser par jour solaire PV. Ce système de stérilisation UV a un taux de 4 GPM (15.14 LPM) de flux et est capable de produire 240 gallons (908,5 litres) d'eau potable par heure. La quantité totale d'eau par jour que vous pouvez produire dépend de la taille de l'alimentation solaire. Ce système de traitement de l'eau UV peut utiliser, les étangs, les lacs, les ruisseaux, les rivières ou les puits comment sources d'eau de l'eau de surface.

Le système de traitement d'eau UV utilisée dans cet exemple est le modèle de signature SYS-POU250 Wyckomar. Ce système de traitement UV de l'eau est une construction "Tout en ligne" où tous les ordinateurs sont pré-assemblés et pré testés par le fabricant. Parmi les principales composantes sont les filtres de ligne, filtre de connexion, les chambres de lampes UV, les ballasts à haute efficacité, faible luminosité avec alarme, Manuel Soupapes de contrôle de pression déconnexion et accessoires / O tous sur une plaque de montage en acier inoxydable.

L'alimentation solaire plus petit dans ce chapitre commence par l'opération correspondante du système UV pour 1 heure par jour La taille prochain solaire PV Alimentation exploitera le système pendant 2 heures par jour Le troisième système utiliser 4 heures par jour Le quatrième système est de faire fonctionner le stérilisateur UV pendant 8 heures par jour, et le dernier exemple de travailler avec sortie continue Total 24 Hours Daily avec environ 5760 gallons par jour (21 804 LPD).

Alimentation solaire

La consommation d'énergie du système est de 75 Watt POS250 UV. Le défendeur "énergie" est donc 75 Watt-heure pour chaque heure de la journée, vous voulez exécuter votre stérilisateur UV de l'eau. Pour ce modèle UV de l'eau du stérilisateur chaque heure d'utilisation nécessite une quantité d'énergie supplémentaire de 75 watt-heure, et le système de distribution d'échantillon énergie solaire devient plus grande.

Il est facile de construire un système solaire photovoltaïque pour alimenter des charges de 12 ou 24 VDC, et les exemples ci-dessous comprennent une liste de pièces pour chaque système de livraison PV solaire. Les petits systèmes solaires photovoltaïques seront basées sur un système de charge de la batterie 12 VDC. Les investisseurs inclus CD vous permet de convertir la tension de votre batterie en standard unique de secteur monophasé. Votre traitement de l'eau système UV est conçu pour le secteur, de sorte que les deux systèmes, le stérilisateur UV et l'énergie solaire sont installés: il suffit de connecter le stérilisateur UV avec sa fiche dans l'onduleur et le commutateur.

UV système pré assemblé, pré Testé et emballage pour l'expédition

Le système de traitement d'eau UV utilisée dans cet exemple est le modèle SYS-POU250 produit par la firme Wyckomar. Ce système UV est entièrement intégré à tous assemblés, testés et prêts à être installés sur un composant d'entraînement des sous-systèmes. Le panneau est monté sur l'acier inoxydable. Ce système de traitement de l'eau UV est équipé de filtres pré Deux Etapes, une maison de lampes UV de stérilisation, et un moniteur avec tous les accessoires, la plomberie, les soupapes et l'intégration de systèmes.

Le système de stérilisation de l'eau SYS-POU250 stérilisateur est l'idéal-type "point d'utilisation pour les cabines, les véhicules récréatifs, les maisons isolées, et il est préférable de l'installer sur le dernier point de la ligne avant l'utilisation finale.

Sous pression Source d'eau:

Si votre source d'approvisionnement en eau pour le traitement est d'une décision municipale, un réservoir sous pression ou élevée, et dispose d'un minimum de 20 pr4sión PSI (1,36 bar), et un maximum de 125 PSI (8,5 bar), alors vous pouvez connecter votre UV de l'eau du stérilisateur directement à la ligne d'eau, soit dans le tuyau principal ou au point d'utilisation

Aucune eau pressurisée Source:

Si votre source d'eau est un bien local, alors vous avez besoin d'un système de pompage de l'eau à la pression d'alimentation en eau du stérilisateur UV. Si tel est le cas, s'il vous plaît se référer à mon livre "PV solaire de pompage de l'eau" pour les alimentations spécifiques et les pompes submersibles solaires pour votre situation particulière concernant votre profondeur du puits. Lorsque vous sélectionnez votre système solaire de pompage de l'eau, remarquez que votre système est de 4 GPM (15.14 LPM) pour ces exemples.

Si votre eau provient de sources de surface, comme les étangs, les lacs, les ruisseaux, les rivières et les petits cours d'eau, alors vous avez besoin d'une pompe pour alimenter la zone de pression à son système UV. Si c'est le cas, alors vous référer à mon livre "solaire de pompage photovoltaïque et de l'eau" pour l'alimentation spécifique et appliquée à différentes pompes sources d'eau de surface, y compris les filtres en ligne qui seront nécessaires. les sources d'eau de surface sont généralement compromises. Ces sources nécessitent des filtres de ligne en deux étapes.

Exemple A - 240 gallons par jour (LPD 908.5)

Stérilisation de l'Eau 4 GPM (15.14 LPM) - débit d'eau livré 240 gallons par heure (LPH 908,5). Temps de fonctionnement alimentation solaire: 1 heure par jour Daily offre de production dans l'eau: 240 gallons par jour (LPD 908.5)

Utilisation typique: Cabines, Bateaux, VR, Maisons
Hors réseau, les sites distants.

Liste des pièces:

UV système d'eau Stérilisateur:

Un (1) système stérilisateur UV Eau SYS-POU250
Wyckomar évalué à 4 GPM (15.14 LPM). Comprend:
Filtration de l'eau à deux étapes (5 microns) avec
des filtres sédiments et les filtres de carbone,
Projecteur UV avec gaine de quartz et d'alarme de
moniteur UV. Mesh Filter, décompression Vannes à
haute efficacité Ballast électronique. Tous les pré
assemblé, pré Testé et la plaque de montage en
acier inoxydable.

Solaire générateur photovoltaïque:

Un (1) panneau solaire photovoltaïque évalué à 30
watts à 12 VDC. Exemple de panneau solaire: Dasol
DS-A18-30. Dimensions de chaque: 27,2" x 13,8" x
1" (690,88 x 350,5 x 25,4 mm). Un (1) Gendarmerie
Châssis Fin postal de 30 Watt panneau ou similaire à
un tuyau d'un diamètre de 1,5" (38,1 mm) annexe n
° 40.

Batterie / Contrôleur de charge / variateur:

Un (1) Contrôleur de charge SunSaver-6 charge de
bactéries évalué à 12 VDC jusqu'à 6 Amp. Un (1)
Entretien 8GU1 MK Battery gratuit scellé et évalué à

12 VDC @ 31 ampères-heures. Une (1) boîte de batterie monté à côté de la poste (sous le panneau solaire photovoltaïque). Un (1) 12 VDC Inverter pour Excel Tech modèle XP 125 Watt AC monophasé.

Remarque: Ce système solaire est conçu pour fonctionner une heure chaque jour pour le système stérilisateur UV Eau produire 240 gallons par jour d'eau potable. Supérieurs des systèmes de traitement de l'eau sont énumérés ci-dessous.

Exemple B - 480 gallons par jour (LPD 1817)

Stérilisation de l'Eau 4 GPM (15.14 LPM) - débit d'eau livré 240 gallons par heure (LPH 908,5). Temps de fonctionnement solaire Alimentation: 2 heures par jour la production quotidienne tendre dans l'eau: 480 gallons par jour (LPD 1817)

Utilisation typique: Cabines, Bateaux, VR, Maisons Hors réseau, les sites distants.

Liste des pièces:

UV système d'eau Stérilisateur:

Un (1) système stérilisateur UV Eau SYS-POU250 Wyckomar évalué à 4 GPM (15.14 LPM). Comprend: Filtration de l'eau à deux étapes (5 microns) avec des filtres sédiments et les filtres de carbone,

Projecteur UV avec gaine de quartz et d'alarme de moniteur UV. Mesh Filter, décompression Vannes à haute efficacité Ballast électronique. Tous les pré assemblé, pré Testé et la plaque de montage en acier inoxydable monté.

Solaire générateur photovoltaïque:

Un (1) panneau solaire photovoltaïque évalué à 60 watts à 12 VDC. Exemple de panneau solaire: Dasol DS-A18-60. Dimensions de chaque: 27,2" x 26,2" x 1,38" (665,5 x 690,88 x 35,05 mm). Un (1) Gendarmerie Châssis Fin postal de 60 Watt panneau ou similaire à un tuyau d'un diamètre de 1,5" (38,1 mm) annexe n ° 40.

Batterie / Contrôleur de charge / variateur:

(1) Un contrôleur de charge Sun Saver-10 charge de bactéries évalué à 12 VDC jusqu'à 10 Amp. Un (1) Entretien 8G22NF MK Battery gratuit scellé et évalué à 12 VDC @ 50 ampères-heures. Une (1) boîte de batterie monté à côté de la poste (sous le panneau solaire photovoltaïque). Un (1) 12 VDC Inverter pour Excel Tech modèle XP 125 Watt AC monophasé.

Remarque: Ce système solaire est conçu pour fonctionner pendant deux heures par jour du système UV Stérilisateur d'eau. Connectez vos panneaux photovoltaïques en parallèle pour augmenter l'ampérage. CD Voltage Système: 12 VDC. Produire 480 GPD (1817 LPD) de l'eau potable.

Supérieurs des systèmes de traitement de l'eau sont
énumérés ci-dessous.

Exemple C - 960 gallons par jour (LPD 3634)

Stérilisation de l'Eau 4 GPM (15.14 LPM) - débit d'eau
livré 240 gallons par heure (LPH 908,5). Temps de
fonctionnement Solar Power Supply 4 heures par
jour la production quotidienne tendre dans l'eau:
960 gallons par jour (LPD 3634)

Utilisation typique: Cabines, Marinas, bateaux,
véhicules récréatifs, Maisons Hors réseau, les sites
distants.

Liste des pièces:

UV système d'eau Stérilisateur:

Un (1) système stérilisateur UV Eau SYS-POU250
Wyckomar évalué à 4 GPM (15.14 LPM). Comprend:
Filtration de l'eau à deux étapes (5 microns) avec
des filtres sédiments et les filtres de carbone,
Projecteur UV avec gaine de quartz et d'alarme de
moniteur UV. Mesh Filter, décompression Vannes à
haute efficacité Ballast électronique. Tous les pré
assemblé, pré Testé et la plaque de montage en
acier inoxydable.

Solaire générateur photovoltaïque:

Deux (2) Les panneaux solaires photovoltaïques évalué à 60 watts à 12 VDC, 120 Watt total. Exemple de panneau solaire: Dasol DS-A18-30. Dimensions de chaque: 27,2" x 26,2" x 1.38" (690,88 x 665,48 x 38,1 mm). Un (1) monté sur châssis Fin postal de deux panneaux de 60 watts chacun, ou semblable à un tuyau d'un diamètre de 1,5" (38,1 mm) annexe n° 40

Batterie / Contrôleur de charge / variateur:

Un (1) SS-Sun savoir plus 15MPPT, frais bactéries contrôleur charge nominale à 12 VDC jusqu'à 15 Amp.

Un (1) MK Battery 8G34 scellé sans entretien et évalué à 12 VDC @ 60 ampères-heures. Une (1) boîte de batterie monté à côté de la poste (sous le panneau solaire photovoltaïque). Un (1) 12 VDC Inverter pour Excel Tech modèle XP 125 Watt AC monophasé.

Note: Système de CD. Ce système d'énergie solaire est conçu pour fonctionner quatre heures par jour pour le système stérilisateur UV de l'eau produisant 960 GPD (3634 LPD) de l'eau potable.

Supérieurs des systèmes de traitement de l'eau sont énumérés ci-dessous.

Exemple D - 1920 gallons par jour (LPD 7268)

Stérilisation de l'Eau 4 GPM (15.14 LPM) - débit d'eau livré 240 gallons par heure (LPH 908,5). Durée d'approvisionnement d'énergie solaire: 8 heures par jour. Livraison quotidienne totale d'eau potable de production: 1920 gallons par jour (LPD 7268)

Utilisation typique: Cabines, Marinas, véhicules récréatifs, Maisons rupture de réseau, les sites distants, les restaurants, les établissements vinicoles, les brasseries, la transformation des aliments, produits laitiers, Fromageries, Cliniques.

Liste des pièces:

UV système d'eau Stérilisateur:

Un (1) système stérilisateur UV Eau SYS-POU250 Wyckomar évalué à 4 GPM. Comprend: filtration de l'eau à deux étapes (5 microns) avec des filtres sédiments et les filtres de carbone, Projecteur UV avec gaine de quartz et Monitor UV alarme, Mesh Filter, Pression Soupapes avec ballast électronique Haute efficacité. Tous les pré assemblé, pré Testé et la plaque de montage en acier inoxydable.

Solaire générateur photovoltaïque:

Deux (2) des panneaux solaires photovoltaïques évalué à 135 Watt 12 VDC. Total 270 Watt dans le tableau. Exemple de panneau solaire: Dasol DS-A18-135. Dimensions de chaque: 27,2" x 26,8" x 1.38" (690,88 x 680,72 x 35,05 mm). Un (1) Gendarmerie Châssis Fin postal de deux panneaux de 135 watts chacun, ou semblable à un tuyau de 1,5" (38,1 mm) annexe n° 40, construit dans un trou avec du béton.

Batterie / Contrôleur de charge / variateur:

Un (1) Sun savoir plus SS15MPPT, frais bactéries contrôleur charge nominale à 24 V cc jusqu'à 15 Amp. Deux (2) batteries MK 8G34 scellé sans entretien et évalués à 12 VDC @ 60 Amp-heure chacune. Une (1) boîte de batterie monté sur le style de plancher du coffre. Il peut être situé à moins de 50 pieds (15,2 m) des panneaux photovoltaïques. Un (1) 24 VDC Inverter pour Excel Tech modèle XP/24, 125 Watt AC monophasé.

Remarque: Deux 12 VDC batteries sont connectées en série pour un système 24 VDC.

Ce système d'énergie solaire est conçu pour travailler huit heures par jour pour le système de production d'eau stérilisateur UV 1920 GPD (7267,9 LPD) de l'eau potable. Supérieurs des systèmes de traitement de l'eau sont énumérés ci-dessous.

Exemple E - 5760 gallons par jour (LPD 21804)

Stérilisation de l'Eau 4 GPM (15.14 LPM) - débit d'eau livré 240 gallons par heure (LPH 908,5). Temps de fonctionnement solaire Alimentation: 24 heures par jour. Journalière totale de production d'eau potable de livraison: 5760 gallons par jour (21 804 LPD).

Utilisation typique: Cabines, Marinas, VR, Vacances Out de Réseau, Bases, résidentiel, commercial léger, la transformation des aliments, Brasseries, Cliniques.

Liste des pièces:

UV système d'eau Stérilisateur:

Un (1) système stérilisateur UV Eau SYS-POU250 Wyckomar évalué à 4 GPM (15.14 LPM). Comprend: filtration de l'eau à deux étapes (5 microns) avec des filtres sédiments et les filtres de carbone, Projecteur UV avec gaine de quartz et Monitor UV alarme, Mesh Filter, Pression Soupapes avec ballast électronique Haute efficacité. Tous les pré assemblé, pré Testé et la plaque de montage en acier inoxydable.

Solaire générateur photovoltaïque:

Quatre (4) Les panneaux solaires photovoltaïques évalué à 250 watts à 24 VDC. 1000 Watt total correctif. Exemple de panneau solaire: Solar PV REC

250PE. Dimensions de chaque: 65,5" x 39" x 1,5" (1663,7 x 990,6 x 38,1 mm). Un (1) monté sur châssis Fin postal de quatre panneaux de 250 watts, ou similaires à un tuyau d'un diamètre de 3,5" (88,9 mm) annexe n ° 40.

Batterie / Contrôleur de charge / variateur:

(1) Un contrôleur de charge SS15-Sun savoir plus MPPT charge de bactéries évalué à 12 VDC jusqu'à 15 Amp. Deux (2) Sealed entretien 8G30H MK Battery gratuit et évalué à 12 VDC @ 97 ampères-heures. Une (1) boîte de batterie monté sur le style de plancher du coffre. Il peut être placé jusqu'à 50 pieds (15,24 m) de panneaux photovoltaïques. Un (1) 24 VDC Inverter pour Excel Tech modèle XP/24, 125 Watt AC monophasé.

Note: Deux 12 Vcc batteries sont connectées en série à un système et 24 VDC. Ce système d'énergie solaire est conçu pour fonctionner 24 heures par jour pour le système stérilisateur UV de l'eau de production 5760 GPD (21804 LPD) de l'eau potable. Supérieurs des systèmes de traitement de l'eau sont énumérés ci-dessous.

Chapitre Cinq - Traitement de l'eau UV 8 GPM (30.28 LPM) avec alimentation d'énergie solaire de 960 à 11,520 gallons par jour (LPD 3,634 à 43607,8)

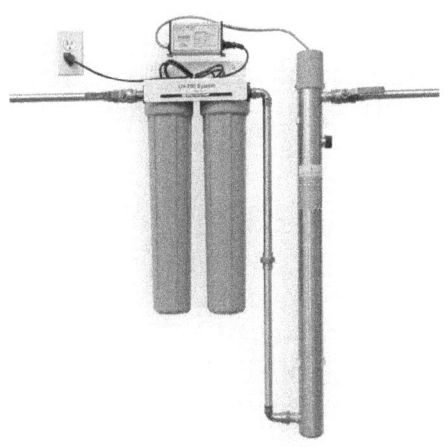

Dans ce chapitre, nous nous pencherons sur les systèmes de traitement de l'eau pour fournir l'énergie solaire photovoltaïque imposés à un taux de 8 GPM (30.28 LPM). Idéal pour les systèmes résidentiels, systèmes UV pour le traitement de l'eau utilisée dans ces exemples sont de modèle de signature SYS-MD1003 Wyckomar. Ce système de traitement d'eau est construit tout en ligne et comprend tout le matériel nécessaire avant assemblé et testé. systèmes de traitement UV contiennent de filtrage en deux étapes en ligne (5 microns), Link, Chambre de la lampe UV, manchon de quartz, accessoires et la pression Soupapes, tout installé et prêt à aller.

Les solaires Alimentations photovoltaïques suivants sont conçus pour faire fonctionner le système de traitement d'eau UV UV de modèle MD1003 pour le nombre d'heures prévues pour une livraison d'eau potable donné quotidien et agréable.

Alimentation solaire.

La consommation électrique de ce système est de 95 Watt. La demande de «l'énergie» est donc 95 Watt-heure pour chaque heure de fonctionnement quotidien du stérilisateur d'eau que vous voulez. Pour ce modèle de stérilisateur UV utilisation horaire, il faudra plus de 95 watt-heure d'énergie solaire de système de puissance PV, et l'exemple du système sera plus grande.

Exemple F - 960 gallons par jour (LPD 3634)

Stérilisation de l'eau à 8 GPM (30.28 LPM) - débit d'eau livré 240 gallons par heure (LPH 908,5). Temps de fonctionnement solaire Alimentation: 2 heures

par jour. Journalière totale de production deau
livraison: 960 gallons par jour (3634 LPD).

Utilisation typique: Cabines, Marinas, Chambres
non-Réseau, Bases, résidentiel, commercial,
transformation des aliments, distilleries.

Liste des pièces:

UV système deau Stérilisateur:

Un (1) système stérilisateur UV Eau SYS-MD1003 prix
de 8 GPM (30.28 LPM) Wyckomar. Comprend:
filtration de leau à deux étapes (5 microns) avec des
filtres sédiments et les filtres de carbone, Projecteur
UV avec gaine de quartz et Monitor UV alarme,
Mesh Filter, Pression Soupapes avec ballast
électronique Haute efficacité. Tous les pré
assemblé, pré Testé et la plaque de montage en
acier inoxydable.

Solaire générateur photovoltaïque:

Un (1) panneau solaire photovoltaïque évalué à 135
Watt 12 VDC. Exemple panneau solaire: Dasol
A-18-135. Dimensions de chaque: 27,2" x 26,2" x
1.38" (691 x 665,5 x 35,05 mm). Un (1) monté sur
châssis Fin postal de quatre panneaux de 135 Watt,
ou semblable à un tuyau dun diamètre de 1,5 "(38,1
mm) annexe n ° 40.

Batterie / Contrôleur de charge / variateur:

(1) Un contrôleur de charge SS15-Sun savoir plus
MPPT charge de bactéries évalué à 12 VDC jusqu'à
15 Amp. Un (1) Entretien 8G324DT MK Battery
gratuit scellé et évalué à 12 VDC @ 73 ampères-
heures. Une (1) boîte de batterie monté sur
l'extrémité de la tige. Un (1) 12 VDC Inverter pour
Excel Tech Model XP / 125 Watt AC monophasé.

Remarque: Ce système solaire est conçu pour
fonctionner 2 heures par jour pour le système
stérilisateur UV de l'eau qui produit 960 GPD (3634
LPD) de l'eau potable. Connectez vos panneaux en
parallèle pour augmenter l'ampérage. Tension de
système: 12 VDC.

Exemple G - 1920 gallons par jour (LPD 7268)

Stérilisation de l'eau à 8 GPM (30.28 LPM) - débit
d'eau livré 480 gallons par heure (LPH 1817) Temps
de fonctionnement Solar Power Supply 4 heures par
jour. Journalière totale de production d'eau potable
de livraison: 1 920 gallons par jour (7268 LPD).

Utilisation typique: Cabines, Marinas, Chambres
non-Réseau, Bases, résidentiel, commercial, la
transformation des aliments, Brasseries, Cliniques.

Liste des pièces:

UV système d'eau Stérilisateur:

Un (1) système stérilisateur UV Eau SYS-MD 1003 Wyckomar le prix de 8 GPM. Comprend: filtration de l'eau à deux étapes (5 microns) avec des filtres sédiments et les filtres de carbone, Projecteur UV avec gaine de quartz et Monitor UV alarme, Mesh Filter, Pression Soupapes avec ballast électronique Haute efficacité. Tous les pré assemblé, pré Testé et la plaque de montage en acier inoxydable.

Solaire générateur photovoltaïque:

Deux (2) des panneaux solaires photovoltaïques évalué à 135 Watt 12 V chacune. 270 Watt total correctif. Exemple de panneau solaire: Dasol A-18 135 Dimensions de chaque: 27,2" x 26,2" x 1.38" (691 x 665,5 x 35,05 mm). Un (1) Gendarmerie Châssis Fin postal de deux panneaux de 135 watts chacun, ou semblable à un tuyau d'un diamètre de 1,5" (38,1 mm) annexe n ° 40.

Batterie / Contrôleur de charge / variateur:

(1) Un contrôleur de charge SS15-Sun savoir plus MPPT charge de bactéries évalué à 24 VDC jusqu'à 15 Amp. Deux (2) MK Battery 8G34 scellé sans entretien et évalué à 12 VDC @ 60 ampères-heures. Une (1) boîte de batterie monté sur l'extrémité de la tige (monté sous les panneaux solaires photovoltaïques). Un (1) 24 VDC Inverter pour Excel Tech Model XP / 125 Watt AC monophasé.

Note: Système de CD avec des panneaux photovoltaïques raccordés en parallèle. Ce système d'énergie solaire est conçu pour travailler 4 heures par jour pour le système de production d'eau stérilisateur UV 1920 GPD (7268 LPD) de l'eau potable.

Exemple H - 3840 gallons par jour (LPD 14536)

Stérilisation de l'eau à 8 GPM (30.28 LPM) - débit d'eau livré 480 gallons par heure (1817 LPH). Durée d'approvisionnement d'énergie solaire: 8 heures par jour. Journalière totale de production d'eau potable de livraison: 3840 gallons par jour (14 536 LPD).

Utilisation typique: Cabines, Marinas, Chambres non-Réseau, Bases, résidentiel, commercial, la transformation des aliments, Brasseries, Cliniques.

Liste des pièces:

UV système d'eau Stérilisateur:

Un (1) système stérilisateur UV Eau SYS-MD1003 Wyckomar le prix de 8 GPM. Comprend: filtration de l'eau à deux étapes (5 microns) avec des filtres sédiments et les filtres de carbone, Projecteur UV avec gaine de quartz et Monitor UV alarme, Mesh Filter, Pression Soupapes avec ballast électronique

Haute efficacité. Tous les pré assemblé, pré Testé et la plaque de montage en acier inoxydable.

Solaire générateur photovoltaïque:

Deux (2) des panneaux solaires photovoltaïques évalué à 250 Watt 24 V chacune. 500 Total Watt correctif. Exemple de panneau solaire: Solar PV REC 250PE. Dimensions de chaque: 65,5" x 39" x 1,5" (1663,7 x 990,6 x 38,1 mm). Un (1) monté sur châssis Fin postal de quatre panneaux de 250 watts, ou similaires à un tuyau d'un diamètre de 2,5" (63,5 mm) annexe n ° 40, trou intégré dans le sol en béton.

Batterie / Contrôleur de charge / variateur:

Un (1) Morning Star contrôleur de charge MTTP-TS-45 charge de bactéries évalué à 24 VDC. Deux (2) batteries MK 8G24DT scellé sans entretien et évalués à 12 VDC @ 73 ampères-heures. Une (1) boîte de batterie monté sur le style de plancher du coffre. Il peut être placé jusqu'à 50 pieds (15,24 m) de panneaux photovoltaïques. Un (1) 24 VDC Inverter pour Excel Tech modèle XP/24, 125 Watt AC monophasé.

Remarque: Deux 12 VDC batteries sont connectées en série pour fournir 24 VDC. Deux panneaux photovoltaïques raccordés en parallèle. Ce système d'énergie solaire est conçu pour fonctionner 8 heures par jour pour le système de production d'eau stérilisateur UV 3840 GPD (14536 LPD) de l'eau potable.

Exemple I - 11520 gallons par jour (LPD 43607,8)

Stérilisation de l'eau à 8 GPM (30.28 LPM) - débit d'eau livré 480 gallons par heure (1817 LPH). Temps de fonctionnement solaire Alimentation: 24 heures en continu quotidiennes. Journalière totale de production d'eau potable de livraison: 11 520 gallons par jour (LPD 43607,8).

Utilisation typique: Camping, Marine, ferme en rouge, Bases, résidentiel, commercial, la transformation des aliments, Brasseries, Cliniques, hôpitaux, petites villas, fermes, ranchs.

Liste des pièces:

UV système d'eau Stérilisateur:

Un (1) système stérilisateur UV Eau SYS-MD1003 Wyckomar 4 GPM (15.14 LPM). Comprend: filtration de l'eau à deux étapes (5 microns) avec des filtres sédiments et les filtres de carbone, Projecteur UV avec gaine de quartz et Monitor UV alarme, Mesh Filter, Pression Soupapes avec ballast électronique Haute efficacité. Tous les pré assemblé, testé et la plaque de montage en acier inoxydable.

Solaire générateur photovoltaïque:

Six (6) Panneaux solaires photovoltaïques de 250 Watt c / UC 24 VDC. 1000 Watt total correctif. Exemple de panneau solaire: Solar PV REC 250PE. Dimensions de chaque: 65,5" x 39" x 1,5" (1663,7 x 990,6 x 38,1 mm). Un (1) monté sur châssis Fin des postes pendant six panneaux 250 Watt ou similaires à un tuyau d'un diamètre de 3,5" (88,9 mm) annexe n ° 40, trou intégré dans le sol en béton.

Batterie / Contrôleur de charge / variateur:

Un (1) Morning Star TS-MPPT-60 bactéries de contrôleur de charge à 24 VDC. Deux (2) batteries MK 8G30H scellé sans entretien et 12 VDC @ 97 Amp-heure c / u. Un (1) Type de boîte de batterie monté au sol de la poitrine. Il peut être placé jusqu'à 50 pieds (15,24 m) de panneaux photovoltaïques. Un (1) Onduleurs 24 VDC XP/24 Excel Tech, 125 Watt AC monophasé.

Remarque: Deux 12 VDC batteries sont connectées en série pour un système 24 VDC. Les panneaux solaires photovoltaïques sont connectés en série en tant que deux rangées. Chaque rangée de trois panneaux reliés en parallèle. Ce système d'énergie solaire est conçu pour fonctionner 24 heures par jour pour le système stérilisateur UV de l'eau produisant 11 520 GPD (43607,8 LPD) de l'eau potable. Supérieurs des systèmes de traitement de l'eau sont énumérés ci-dessous.

Chapitre Six - Systèmes de traitement d'eau UV à 12 GPM (45.42 LPM) à 2,880 à 17,280 gallons par jour (LPD 10,902 à 65411,7)

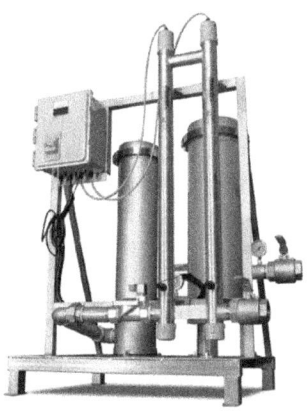

Ce chapitre observée système de stérilisation par UV de l'eau à des débits plus élevés. Le modèle SYS-MD1004 stérilisateur UV fonctionne à 12 GPM (45.42 LPM) et est conçu pour les maisons, les bâtiments avec des lignes 1" (25,4 mm). Le 1" (25,4 mm) augmente la capacité et peut être actionné pour de courtes périodes de temps de chaque jour, ou 24 heures par jour pendant une utilisation continue.

Les panneaux solaires Solar Power Systems PV suivantes utilisées pour construire un générateur photovoltaïque solaire avec la bonne puissance. Systèmes comprennent les équipements de montage proposé en tant que contrôleur de charge, de batteries et l'onduleur de produire AC nécessaire pour faire fonctionner votre système de stérilisateur UV.

La dose d'UV du stérilisateur UV produit 54 mJ/cm2 (μ sec/cm2 54000) @ 95% UVT 38 mJ/cm2 (μ sec/cm2 38000) @ 70% UVT. Cette forte dose d'irradiation UV stérilisé débouchés commerciaux pour la transformation des aliments, des fromageries, des hôpitaux, des petites villes, et en général toute capacité installée de 17 280 GPD (65411,7 LPD) en fonctionnement continu.

Exemple J – 2880 gallons par jour (LPD 10902)

Stérilisation de l'eau à 12 GPM (45.42 LPM). Le débit d'eau livré 720 gallons par heure (LPH 2725,5).

Temps de fonctionnement Solar Power Supply 4 heures par jour. Journalière totale de production d'eau potable de livraison: 2 880 gallons par jour (10 902 LPD).

Utilisation typique: Cabines, Marinas, VR, Vacances Out de Réseau, Bases, résidentiel, commercial léger, la transformation des aliments, Brasseries, Cliniques.

Liste des pièces:

UV système deau Stérilisateur:

Un (1) système stérilisateur UV Eau SYS-prix MD1004 12 GPM (45.42 LPM) Wyckomar. Comprend: filtration de leau à deux étapes (5 microns) avec des filtres sédiments et les filtres de carbone, Projecteur UV avec gaine de quartz et Monitor UV alarme, Mesh Filter, Pression Soupapes avec ballast électronique Haute efficacité. Tous les pré assemblé, pré Testé et la plaque de montage en acier inoxydable.

Solaire générateur photovoltaïque:

Un (1) panneau solaire photovoltaïque évalué à 250 watts à 24 VDC. Exemple de panneau solaire: Solar PV REC 250PE. Dimensions de chaque: 65,5" x 39" x 1,5" (1663,7 x 990,6 x 38,1 mm). Un (1) monté sur châssis Fin postal de quatre panneaux de 250 watts, ou similaires à un tuyau de 2,5" (63,5 mm) annexe n ° 40, incorporé dans le sol en béton.

Batterie / Contrôleur de charge / variateur:

(1) Un contrôleur de charge SS15-Sun savoir plus MPPT charge de bactéries évalué à 24 VDC jusquà 15 Amp. Deux (2) batteries MK 8G24DT scellé sans entretien et évalués à 12 VDC @ 73 ampères-heures. Une (1) boîte de batterie monté sur le style de plancher du coffre. Il peut être placé jusquà 50 pieds (15,24 m) de panneaux photovoltaïques. Un

(1) 24 VDC Inverter pour Excel Tech modèle XP/24, 125 Watt AC monophasé.

Remarque: Deux 12 VDC batteries sont connectées en série pour un système 24 VDC. Ce système d'énergie solaire est conçu pour fonctionner quatre heures par jour pour le système stérilisateur UV de l'eau de production 2880 GPD (10902 LPD) de l'eau potable. Supérieurs des systèmes de traitement de l'eau sont énumérés ci-dessous.

Exemple K - 5760 gallons par jour (LPD 21804)

Stérilisation de l'eau à 12 GPM (45.42 LPM) - débit d'eau livré 720 gallons par heure (LPH 2725,5). Durée d'approvisionnement d'énergie solaire: 8 heures par jour. Journalière totale de production d'eau potable de livraison: 5760 gallons par jour (21 804 LPD).

Utilisation typique: Cabines, Marinas, Chambres non-Réseau, Bases, résidentiel, commercial, la transformation des aliments, Brasseries, Cliniques, fermes.

Solaire générateur photovoltaïque:

Liste des pièces:

UV système d'eau Stérilisateur:

Un (1) système stérilisateur UV Eau SYS-MD1004 Wyckomar prix 12 GPM. Comprend: filtration de l'eau à deux étapes (5 microns) avec des filtres sédiments et les filtres de carbone, Projecteur UV avec gaine de quartz et Monitor UV alarme, Mesh Filter, Pression Soupapes avec ballast électronique Haute efficacité. Tous les pré assemblé, pré Testé et la plaque de montage en acier inoxydable.

Solaire générateur photovoltaïque:

Deux (2) Les panneaux solaires photovoltaïques évalué à 250 watts à 24 VDC. 500 Total Watt correctif. Exemple de panneau solaire: Solar PV REC 250PE. Dimensions de chaque: 65,5 "x 39" x 1,5" (1663,7 x 990,6 x 38,1 mm). Un (1) monté sur châssis Fin postal de quatre panneaux de 250 watts, ou similaires à un tuyau d'un diamètre de 3,5 "(88,9 mm) annexe n° 40.

Batterie / Contrôleur de charge / variateur:

Un (1) Morning Star TX-MPPT-45 bactéries de contrôleur de charge charge nominale à 24 VDC. Deux (2) Sealed entretien 8G24DT MK Battery gratuit et évalué à 12 VDC @ 73 Amp-heure chacune. Une (1) boîte de batterie monté sur le style de plancher du coffre. Il peut être placé jusqu'à 50 pieds (15,24 m) de panneaux photovoltaïques. Un (1) 24 VDC Inverter pour Excel Tech modèle XP/ 24, 125 Watt AC monophasé.

Remarque: Deux 12 VDC batteries sont connectées en série pour un système 24 VDC. Les panneaux solaires photovoltaïques sont connectés en parallèle. Ce système d'énergie solaire est conçu pour fonctionner huit heures par jour pour le système de production d'eau stérilisateur UV 5760 GPD (21804 LPD) de l'eau potable.

Exemple L - 8640 gallons par jour (LPD 32706)

Stérilisation de l'eau à 12 GPM (45.42 LPM). Le débit d'eau livré 720 gallons par heure (LPH 2725,5). Temps de fonctionnement Solar Power Supply 12 heures par jour. Journalière totale de production d'eau potable de livraison: 8640 gallons par jour (32 706 LPD).

Utilisation typique: Cabines, Marinas, Chambres non-Réseau, Bases, résidentiel, commercial, la transformation des aliments, Brasseries, Cliniques.

Liste des pièces:

UV système d'eau Stérilisateur:

Un (1) système stérilisateur UV Eau SYS-prix MD1004 12 GPM (45.42 LPM) Wyckomar. Comprend: filtration de l'eau à deux étapes (5 microns) avec des filtres sédiments et les filtres de carbone, Projecteur UV avec gaine de quartz et Monitor UV alarme, Mesh

Filter, Pression Soupapes avec ballast électronique Haute efficacité. Tous les pré assemblé, pré Testé et la plaque de montage en acier inoxydable.

Solaire générateur photovoltaïque:

Quatre (4) Les panneaux solaires photovoltaïques évalué à 250 watts à 24 VDC. 1000 Watt total correctif. Exemple de panneau solaire: Solar PV REC 250PE. Dimensions de chaque: 65,5" x 39" x 1,5" (1663,7 x 990,6 x 38,1 mm). Un (1) monté sur châssis Fin postal de quatre panneaux de 250 Watt c / u, ou similaires à un tuyau de 3,5" (88,9 mm) annexe n ° 40.

Batterie / Contrôleur de charge / variateur:

Un (1) Morning Star TS-MPPT-45 bactéries de contrôleur de charge charge nominale à 24 VDC. Deux (2) batteries MK 8G27 scellé sans entretien et prix à 12 VDC @ 86 Amp-heure chacune. Une (1) boîte de batterie monté sur le style de plancher du coffre. Il peut être placé jusqu'à 50 pieds (15,24 m) de panneaux photovoltaïques. Un (1) 24 VDC Inverter pour Excel Tech modèle XP/24, 125 Watt AC monophasé.

Remarque: Deux 12 VDC batteries sont connectées en série pour un système 24 VDC. Ce système d'énergie solaire est conçu pour fonctionner 12 heures par jour pour le système de production d'eau stérilisateur UV 8640 GPD (32706 LPD) de l'eau potable.

Exemple M - 17 280 gallons par jour (LPD 65411,7)

Stérilisation de l'eau à 12 GPM (45.42 LPM) - débit d'eau livré 720 gallons par heure (LPH 2725,5). Temps de fonctionnement solaire Alimentation: 24 heures par jour. Journalière totale de production d'eau potable de livraison: 17 280 gallons par jour (LPD 65411,7).

Utilisation typique: Cabines, Marinas, Chambres non-Réseau, Bases, résidentiel, commercial, la transformation des aliments, Brasseries, Cliniques, Hôpitaux.

Liste des pièces:

UV système d'eau Stérilisateur:

Un (1) système stérilisateur UV Eau SYS-prix MD1004 12 GPM (45.42 LPM) Wyckomar. Comprend: filtration de l'eau à deux étapes (5 microns) avec des filtres sédiments et les filtres de carbone, Projecteur UV avec gaine de quartz et Monitor UV alarme, Mesh Filter, Pression Soupapes avec ballast électronique Haute efficacité.

Tous les pré assemblé, pré Testé et la plaque de montage en acier inoxydable.

Solaire générateur photovoltaïque:

Huit (8) des panneaux solaires photovoltaïques évalué à 250 Watt 24 V c / u. 2000 Watt total correctif. Exemple de panneau solaire: Solar PV REC 250PE. Dimensions de chaque: 65,5" x 39" x 1,5" (1663,7 x 990,6 x 38,1 mm). Un (1) Gendarmerie Châssis Fin postal de huit panneaux de 250 watts chacun, ou similaire à un diamètre de tuyau 6" (152,4 mm) annexe n ° 40, incorporé dans le sol en béton.

Batterie / Contrôleur de charge / variateur:

Un (1) Morning Star TS-MPPT-60 bactéries de contrôleur de charge charge nominale à 24 VDC. Quatre (4) Batteries MK 8G27 scellé sans entretien et prix à 12 VDC @ 86 Amp-heure chacune. Une (1) boîte de batterie monté sur le style de plancher du coffre. Il peut être placé jusquà 50 pieds (15,24 m) de panneaux photovoltaïques. Un (1) 24 VDC Inverter pour Excel Tech modèle XP/24, 125 Watt AC monophasé.

Remarque: Quatre 12 VDC deux batteries sont connectées en parallèle, et ces rangées connectées en série pour un système de 24 VDC. Ce système d'énergie solaire est conçu pour fonctionner 24 heures par jour pour le système stérilisateur UV de l'eau produisant 17 280 GPD (65411,7 LPD) de l'eau potable.

Chapitre Sept - stérilisation Water Systems UV à 30 GPM (113,6 LPM) de 7,200 à 43,200 gallons par jour (LPD 27,255 à 163529,3)

Anciens systèmes de traitement d'eau UV a un grand appétit pour la source d'eau et d'énergie. Le modèle SYS-MD-1006 est évalué à 30 GPM (113,6 LPM). Tuyaux d'entrée dimensionnés à 1,5 "(38,1 mm), cette unité d'affaires peut traiter jusqu'à 43 200 gallons par jour (LPD 163,529.3).

Ce modèle MD-1006 est un système d'eau de traitement UV de l'échelle commerciale. Le diamètre de la canalisation d'entrée est de 1,5" (38,1 mm).

Exemple N - 7200 gallons par D ed (27255 LPD)

Stérilisation de l'eau à 30 GPM (113,6 LPM). Le débit d'eau livré 1 800 gallons par heure (LPH 6813,7). Temps de fonctionnement Solar Power Supply 4 heures par jour. Journalière totale de production d'eau potable de livraison: 7200 gallons par jour (27 255 LPD).

Utilisation typique: Cabines, Marinas, VR, Vacances Out de Réseau, Bases, résidentiel, commercial, la transformation des aliments, Brasseries, Cliniques, hôpitaux, petites villas.

Liste des pièces:

UV système d'eau Stérilisateur:

Un (1) système stérilisateur UV Eau SYS-MD1006 évalué à 30 GPM (113,6 LPM) Wyckomar. Comprend: filtration de l'eau à deux étapes (5 microns) avec des filtres sédiments et les filtres de carbone, Projecteur UV avec gaine de quartz et Monitor UV alarme, Mesh Filter, Pression Soupapes avec ballast électronique Haute efficacité. Tous les pré assemblé, pré Testé et la plaque de montage en acier inoxydable.

Solaire générateur photovoltaïque:

Deux (2) Les panneaux solaires photovoltaïques
évalué à 250 watts à 24 VDC . 500 Total Watt correctif.
Exemple de panneau solaire: Solar PV REC 250PE.
Dimensions de chaque: 65,5" x 39" x 1,5" (1663,7 x
990,6 x 38,1 mm). Un (1) monté sur châssis Fin
postal de quatre panneaux de 250 Watt c / u, ou
similaires à un tuyau d'un diamètre de 2,5" (63,5
mm) annexe n ° 40, construite en terre avec du
béton.

Batterie / Contrôleur de charge / variateur:

Un (1) Morning Star TS-MPPT-45 bactéries de
contrôleur de charge charge nominale à 24 VDC.
Deux (2) batteries MK 8G34 scellé sans entretien et
prix à 12 VDC @ 60 Amp-heure c / u. Une (1) boîte
de batterie monté sur le style de plancher du coffre.
Il peut être placé jusqu'à 50 pieds (15,24 m) de
panneaux photovoltaïques. Un (1) 24 VDC Inverter
pour Excel Tech modèle XP/24, 125 Watt AC
monophasé.

Remarque: Deux 12 VDC batteries sont connectées
en série pour un système 24 VDC. Ce système
d'énergie solaire est conçu pour fonctionner quatre
heures par jour pour le système stérilisateur UV de
l'eau de production 7200 GPD (27255 LPD) de l'eau
potable.

Exemple O - 14 400 gallons par D ed (54510 LPD)

Stérilisation de l'eau à 30 GPM (113,6 LPM) - débit d'eau livré 1,800 gallons par heure (LPH 6813,7). Durée d'approvisionnement d'énergie solaire: 8 heures par jour. Journalière totale de production d'eau potable de livraison: 3600 gallons par jour (LPD 13627,4).

Utilisation typique: Cabines, Marinas, Chambres non-Réseau, Bases, résidentiel, commercial, la transformation des aliments, Brasseries, Cliniques, Hôpitaux, Bars, Restaurants.

Liste des pièces:

UV système d'eau Stérilisateur:

Un (1) système stérilisateur UV Eau SYS-MD1006 évalué à 30 GPM (113,6 LPM) Wyckomar. Comprend: filtration de l'eau à deux étapes (5 microns) avec des filtres sédiments et les filtres de carbone, Projecteur UV avec gaine de quartz et Monitor UV alarme, Mesh Filter, Pression Soupapes avec ballast électronique Haute efficacité. Tous les pré assemblé, pré Testé et la plaque de montage en acier inoxydable.

Solaire générateur photovoltaïque:

Quatre (4) Les panneaux solaires photovoltaïques évalués à 250 Watt 24 V chacun. 1000 Watt total correctif. Exemple de panneau solaire: Solar PV REC 250PE. Dimensions de chaque: 65,5" x 39" x 1,5" (1663,7 x 990,6 x 38,1 mm). Un (1) Gendarmerie Châssis Fin postal de quatre panneaux de 250 watts chacun, ou semblable à un tuyau d'un diamètre de 3,5" (88,9 mm) annexe N ° 40, construits en terre avec du béton.

Batterie / Contrôleur de charge / variateur:

Un (1) Morning Star TS-MPPT-60 bactéries de contrôleur de charge charge nominale à 24 VDC. Deux (2) batteries MK 8G30H scellé sans entretien et évalués à 12 VDC @ 97 ampères-heures. Une (1) boîte de batterie monté sur le style de plancher du coffre. Il peut être placé jusqu'à 50 pieds (15,24 m) de panneaux photovoltaïques. Un (1) 24 VDC Inverter pour Excel Tech modèle XP/24, 125 Watt AC monophasé.

Remarque: Deux 12 VDC batteries sont connectées en série pour un système 24 VDC. Ce système d'énergie solaire est conçu pour fonctionner huit heures par jour pour le système stérilisateur UV de l'eau produisant 17 280 GPD (65411,7 LPD) de l'eau potable.

Exemple P - 21 600 gallons par D ed (81764,6 LPD)

Stérilisation de l'eau à 30 GPM (113,6 LPM) - débit d'eau livré 1,800 gallons par heure (LPH 6813,7). Temps de fonctionnement Solar Power Supply 12 heures par jour. Journalière totale de production d'eau potable de livraison: 21 600 gallons par jour (LPD 81764,6).

Utilisation typique: Cabines, Marinas, Chambres non-Réseau, Bases, résidentiel, commercial, la transformation des aliments, Brasseries, Cliniques, hôpitaux, petites villas.

Liste des pièces:

UV système d'eau Stérilisateur:

Un (1) système stérilisateur UV Eau SYS-MD1006 Wyckomar évalué à 30 GPM. Comprend: filtration de l'eau à deux étapes (5 microns) avec des filtres sédiments et les filtres de carbone, Projecteur UV avec gaine de quartz et Monitor UV alarme, Mesh Filter, Pression Soupapes avec ballast électronique Haute efficacité. Tous les pré assemblé, pré Testé et la plaque de montage en acier inoxydable.

Solaire générateur photovoltaïque:

Six (6) des panneaux solaires photovoltaïques évalué à 250 Watt 24 V chacune. 1500 Watt total correctif. Exemple de panneau solaire: Solar PV REC 250PE. Dimensions de chaque: 65,5" x 39" x 1,5" (1663,7 x 990,6 x 38,1 mm).

Un (1) Gendarmerie Châssis Fin des postes pendant six panneaux de 250 watts chacun, ou similaire à un diamètre de tuyau de 6" (152,4 mm) annexe n ° 40, construite en terre avec du béton.

Batterie / Contrôleur de charge / variateur:

Un (1) Morning Star-TS-MPPT-45 bactéries de contrôleur de charge charge nominale à 24 VDC. Deux (2) batteries MK 8G30H scellé sans entretien et prix à 12 VDC @ 97 Amp-heure chacune.

Une (1) boîte de batterie monté sur le style de plancher du coffre. Il peut être placé jusqu'à 50 pieds (15,24 m) de panneaux photovoltaïques. Un (1) 24 VDC Inverter pour Excel Tech modèle XP/24, 125 Watt AC monophasé.

Note: Deux 12 Vcc batteries sont connectées en série à un système et 24 VDC.

Ce système d'énergie solaire est conçu pour fonctionner 12 heures par jour pour le système stérilisateur UV de l'eau produisant 21 600 GPD (81764,6 LPD) de l'eau potable.

Exemple Q - 43200 gallons par D ed (163,529.3 LPD)

Stérilisation de l'eau à 30 GPM (113,6 LPM) - débit d'eau livré 1,800 gallons par heure (LPH 6813,7).

Temps de fonctionnement solaire Alimentation: 24 heures quotidiennes - en cours.

Journalière totale de production d'eau potable de livraison: 43 200 gallons par jour (LPD 163,529.3).

Utilisation typique: Cabines, Marinas, Chambres non-Réseau, Bases, résidentiel, commercial, la transformation des aliments, Brasseries, Cliniques, petites villas.

Liste des pièces:

UV système d'eau Stérilisateur:

Un (1) système stérilisateur UV Eau SYS-MD1006Wyckomar évalué à 30 GPM (113,6 LPM). Comprend: filtration de l'eau à deux étapes (5 microns) avec des filtres sédiments et les filtres de carbone, Projecteur UV avec gaine de quartz et Monitor UV alarme, Mesh Filter, Pression Soupapes avec ballast électronique Haute efficacité.

Tous les pré assemblé, pré Testé et la plaque de montage en acier inoxydable.

Solaire générateur photovoltaïque:

Huit (8) Les panneaux solaires photovoltaïques évalués à 250 Watt 24 V chacun. 2000 Watt total correctif. Exemple de panneau solaire: Solar PV REC 250PE. Dimensions de chaque: 65,5" x 39" x 1,5" (1663,7 x 990,6 x 38,1 mm). Un (1) Gendarmerie Châssis Fin postal de huit panneaux de 250 watts chacun, ou similaire à un diamètre de tuyau 6 "(152,4 mm) annexe n ° 40, construite en terre avec du béton.

Batterie / Contrôleur de charge / variateur:

Un (1) Morning Star TS-MPPT-60 bactéries de contrôleur de charge charge nominale à 24 VDC. Quatre (4) Batteries MK 8G30H scellé sans entretien et prix à 12 VDC @ 97 Amp-heure chacune. Une (1) boîte de batterie monté sur le style de plancher du coffre. Il peut être placé jusqu'à 50 pieds (15,24 m) de panneaux photovoltaïques. Un (1) 24 VDC Inverter pour Excel Tech modèle XP/24, 125 Watt AC monophasé.

Remarque: Quatre 12 VDC batteries sont connectées en parallèle à deux rangées et les rangées en série pour un système de 24 VDC. Ce système d'énergie solaire est conçu pour fonctionner 24 heures par jour pour le système stérilisateur UV de l'eau produisant 43 200 GPD (163,529.3 LPD) de l'eau potable.

Chapitre Huit: Guide de démarrage rapide Exemples de Systèmes de Traitement d'eau UV flux et gallons par jour Selon

Dans les chapitres précédents sont énumérés différents systèmes de traitement d'eau UV solaire photovoltaïque basé sur des sources d'approvisionnement en eau, que ce soit un bien ou surface Source. Des exemples sont définis par le flux et la livraison quotidienne de l'eau en gallons par jour Vérifier les systèmes énumérés ci-dessous et correspondent à leurs cahiers des charges et les exigences des systèmes avec des annonces de choisir le plus proche de leurs besoins en eau.

Des exemples de systèmes de traitement d'eau UV Energie Solaire sont organisées dans la liste suivante par débit en gallons par minute (GPM) et selon la livraison quotidienne totale en gallons par jour (GPD).

Système A: 4 GPM (15.14 LPM), la livraison de 240 GPD (908,5 LPD)

Système B: 4 GPM (15.14 LPM), la livraison de 480 GPD (1817 LPD)

Système C: 4 GPM (15.14 LPM), la livraison de 960 GPD (3634 LPD)

Système D: 4 GPM (15.14 LPM) Livraison 1920 GPD (7268 LPD)

Système E: 4 GPM (15.14 LPM), livraison 5760 GPD (21804 LPD)

Système F 8 GPM (30.28 LPM), la livraison de 960 GPD (3634 LPD)

Système G 8 GPM (30.28 LPM), livraison 1920 GPD (7268 LPD)

Système H 8 GPM (30.28 LPM), livraison 3840 GPD (14536 LPD)

Système I: 8 GPM (30.28 LPM), la livraison 11 520 GPD (43607,8 LPD)

Système J 8 GPM (30.28 LPM), livraison 2880 GPD (10902 LPD)

K Système 8 GPM (30.28 LPM), livraison 5760 GPD (21804 LPD)

Système L: 12 GPM (45.42 LPM), livraison 8640 GPD (32706 LPD)

Système M: 12 GPM (45.42 LPM), la livraison 17 280 GPD (65411,7 LPD)

Système N: 30 GPM (113,6 LPM) Livraison 7200 GPD (27255 LPD)

Système de périphérie: 30 GPM (113,6 LPM), la livraison 14 400 GPD (LPD 54,510)

Système P: 30 GPDM (113,6 LPM), la livraison de 21.600 GPD (81764,6 LPD)

Système Q: 30 GPM (113,6 LPM), livraison 43200 GPD (163,529,3 LPD)

Assurez-vous de planifier votre projet de système de traitement de l'eau UV solaire photovoltaïque en termes de préparation du site, installation de l'équipement de l'eau UV, solaire photovoltaïque de puissance de traitement d'alimentation et tous les câbles de décision, accessoires et soterramientos.

Toujours **PREACAUCIÓN** lors de l'installation des dispositifs électriques. Les panneaux solaires photovoltaïques produisent des tensions et intensités respectables, afin de suivre toutes les procédures de sécurité. Assurez-vous de lire le manuel d'installation soigneusement, et sig pour les instructions à la lettre.

Si elle est correctement assemblé et installé, les systèmes UV traitent l'eau pour une longue durée de l'offre d'énergie solaire photovoltaïque, une productivité élevée, la facilité d'installation et d'utilisation, et sont très fiables. Pour plus d'informations sur le traitement UV de l'eau, des panneaux solaires photovoltaïques, batteries, onduleurs, contrôleurs de charge, et d'autres équipements similaires, s'il vous plaît visitez Solardyne.com sur le World Wide Web.

Merci beaucoup pour la lecture! Profitez de votre projet de traitement d'eau UV!

www.ingramcontent.com/pod-product-compliance
Lightning Source LLC
Chambersburg PA
CBHW051342170526
45166CB00002B/920